普通高等教育基础实验课精品教材

# 大学基础物理实验

## 智媒体版

主　编 ◎ 李为虎

副主编 ◎ 次仁曲措

参　编 ◎ 李　杨　达瓦格桑　赵杏倩

西南交通大学出版社

·成　都·

## 内容简介

本书是根据《理工科类大学物理实验课程项目教学基本要求》，按照民族地区理工科院校在校本科生需要完成的大学基础物理实验项目进行编写。全书所选实验项目的原理叙述清晰，各章节的内容编排难易适当，具有较强的可操作性和适用性，便于学生自学和应用。

本书可作为高等院校理工科非物理专业的大学物理实验课的教材，也可供其他专业师生参考。


图书在版编目（CIP）数据

大学基础物理实验：智媒体版 / 李为虎主编. —
成都：西南交通大学出版社，2021.4（2022.5 重印）
ISBN 978-7-5643-8018-2

Ⅰ. ①大… Ⅱ. ①李… Ⅲ. ①物理学 – 实验 – 高等学校 – 教材 Ⅳ. ①O4-33

中国版本图书馆 CIP 数据核字（2021）第 074460 号

Daxue Jichu Wuli Shiyan (Zhimeiti Ban)

大学基础物理实验

（智媒体版）

主　编 / 李为虎

责任编辑 / 赵永铭

封面设计 / 何东琳设计工作室

西南交通大学出版社出版发行

（四川省成都市金牛区二环路北一段 111 号西南交通大学创新大厦 21 楼　610031）

发行部电话：028-87600564

网址：http://www.xnjdcbs.com

印刷：四川玖艺呈现印刷有限公司

成品尺寸　185 mm × 260 mm

印张　9.25　　字数　202 千

版次　2021 年 4 月第 1 版

印次　2022 年 5 月第 2 次

书号　ISBN 978-7-5643-8018-2

定价　38.00 元

# 前言 PREFACE

大学物理实验是理工科学生必修的一门重要的基础实验课程。本书按照《理工科类大学物理实验课程项目教学基本要求》和实验室实际情况编写，共编排实验项目十八个。

大学物理实验是大学生进入大学后接触的第一门较为系统、完整的实验课程，它对培养学生的基本实验方法、基本实验技能和科学素质等方面有着重要的作用。本书以学生做过的中学物理实验为起点，对实验项目进行了精选，既保证了基本训练，又提高了大学物理实验的综合性和实用程度，促使学生更积极地完成实验。本书在每个实验内容之前对该实验题目的意义、本实验的主要应用范围和背景等知识进行了简要介绍，目的是提高学生对该实验的认识，逐步加强对学生科学素质的培养。此外，为了促进学生自学与思考，每个实验都配有预习思考题和问题讨论。

本书由李为虎主编，次仁曲措为副主编，主编除完成主要内容编写外，还负责全书的审定、统稿和定稿工作，参加编写的有李杨、达瓦格桑、赵杏倩。全书在编写过程中，借鉴和参考了许多相关教材的内容，并得到了学校教务处各级领导的大力支持和帮助，在此一并表示衷心的感谢！

本书在编写过程中，力求结合学生实际，符合实验教学需求，但由于编者水平有限，本书难免存在疏漏和不足之处，恳请专家和读者不吝指正。

编　者

2020 年 10 月 8 日于西藏林芝

# 目录
CONTENTS

# 绪 论

物理学是研究物质的基本结构、基本运动形式、相互作用及转化规律的自然科学，从本质上说是一门实验科学，物理规律的研究都以严密的实验事实为基础，并不断受到实验的检验。大学里物理实验课是对学生进行科学实验基本训练的一门独立的必修基础课程，是本科生接受系统实验方法和实验技能训练的开端，它不仅可以加深学生对理论的理解，更重要的是能帮助学生在物理实验的基本知识、基本方法、基本技能方面（三基）得到严格而系统的训练，培养学生探索精神、科研思维、实践能力和创新精神。同时，在培养学生实事求是的科学态度、观察和分析实验现象的能力、理论联系实际的独立工作能力等方面具有其他实践类课程不可替代的作用。

## 一、大学物理实验课的主要环节

大学物理实验课的教学过程主要包括三个环节：实验预习、课堂实验操作、撰写完成实验报告。每个环节对应相应的考评成绩。

1．实验预习

实验预习是指在实验前认真仔细阅读实验教材、仪器说明书或相关的资料，明确实验的目的，基本掌握实验所用的原理和方法，并学会从中整理出主要实验条件、实验关键点及实验注意事项，制定实验主要步骤，根据实验任务设计好记录数据的表格，写出预习报告。预习报告是实验的前期准备工作，每次实验前任课教师须检查实验预习报告，合格后方可允许进入实验操作环节。预习报告主要包括以下几个方面：

（1）实验目的。写出实验项目要达到的主要目的，一般包括 1～3 点。

（2）实验仪器及材料。写出主要仪器设备名称和所用材料等。

（3）实验原理及方法。简要写出实验的理论依据和条件，所用到的主要公式和测量待测物理量采用的方法，并画出必要的原理图（包括示意图、电路图或光路图等）。

（4）实验步骤及注意事项。简要写出实验操作的主要过程及步骤，重点写出仪器调整的方法以及待测物理量的测量步骤和操作过程中的注意事项。

（5）数据记录。根据实验项目设计并画出实验数据记录表格，表格中一般包括待测物理量及单位、测量次数等。

2．实验操作

学生进入实验室后应遵守实验室规则，做好实验前的仪器调试、观测与测量、数据记录、整理复原仪器等。

（1）实验操作前分组一般以1～2人为宜，基础性实验最好一人一套仪器。

（2）调试仪器。按照预习报告和仪器说明书的要求对仪器进行仔细调试，保证测量时必须满足仪器的正常工作条件。如仪器的摆放，水平或铅直调节，电表的调零等。调试时必须按照仪器的操作规范进行。需要通电调节的一定要经过教师检查并允许后再进行下一步操作。

（3）观测与数据记录。按照实验步骤认真进行数据测量，观测时要精力集中，如实记录下观测到的测量数据（原始数据），记录测量的原始数据时注意有效数字的选取和测量单位的标注。

（4）实验中出现问题应及时向教师请教。实验完毕，数据应交教师审阅批准，再将仪器整理复原后方能离开实验室。

3．实验报告

实验报告是实验的最后环节，是整个实验工作的重要组成部分。通过写实验报告可以逐步培养撰写科学技术报告和工作总结的能力，同时实验报告还是提交教师决定实验成绩的主要依据。因此实验结束后，应尽快整理好数据，写出实验报告。报告文字叙述力求简练，数据齐全，图表规范，字迹工整。

实验报告内容主要包括：

（1）实验名称。

（2）实验目的。按照要点罗列出。

（3）实验仪器。列出主要仪器名称、型号等。

（4）实验原理与方法。简明扼要地写出本实验的原理和测量方法要点，写出数据处理时必须要用的一些主要公式，并标明公式中物理量的意义。电学、光学实验要画出必要的电路图和光路图。

（5）实验步骤。根据操作的实际情况，写出主要实验步骤，对于关键的、难度大的步骤可详细写出。

（6）数据记录与处理。首先列出实验中测量到的有用数据，原始数据尽量采用表格形式，不要擅自修改，并正确表示出有效数字和单位。然后利用不确定理论对原始数据进行评价，利用误差理论对实验中存在的误差进行分析说明。数据计算过程只包括公式、代入数据和结果三部分，中间演算过程不写在实验报告上。作图要规范、美观。

（7）实验结论与结果表达。列出实验结论，注意写出正确的实验结果表达式。

（8）小结与讨论。以分析误差的原因为主，写出实验中遇到的问题，对实验结果进行讨论，提出对实验的建议、体会等，语言要简明扼要。

## 二、实验室规则

（1）保持实验室内环境的肃静和整洁，不得无故迟到或缺勤。

（2）实验前应将写好的预习报告放在桌面上由教师进行检查，实验时应携带必要的文具、草稿纸和计算器等。

（3）实验前要检查仪器，如有损失，及时向教师报告。

（4）实验前应仔细观察仪器构造，操作应谨慎细致，严守仪器操作规程，不准擅自拆卸仪器。

（5）仪器发生故障、损坏或丢失时，应立即报告教师，凡由于粗心大意或违反操作规定而损坏仪器的要酌情赔偿。

（6）凡使用电源的实验，应请教师检查线路，经允许后方可接通电源。

（7）注意爱护和正确使用仪器，注意节约材料和水、电等。

（8）实验完毕，应关闭电源、水源，将仪器、桌椅恢复到实验前的状态，清扫好实验场地。

（9）原始数据经教师检查、确认后，方可离开实验室。

# 第一章 测量误差与数据处理的基础知识

物理实验不仅要定性观察各种物理现象，更重要的是测定某些待测物理量的具体数值，并确定相关物理量之间的数量关系。在物理实验中离不开物理量的测量，而测量包含两个必要的过程：一是对物理量进行检测，二是对测量的数据进行处理。为获得正确的测量值，需要掌握误差理论的基础知识，正确计算测量结果的不确定度，用表达式将测量结果准确表达，并评价测量结果。

## 第一节 测量与误差

### 一、测量的基本概念

1．测量的定义

在物理实验中，物理量都是通过测量得到的，研究物理现象、了解物理性质以及验证物理原理都离不开测量。所谓测量，就是将待测量直接或间接地与另一个同类的已知量相比较，把后者作为计量单位，从而确定被测量是该单位的多少倍的过程，这个倍数就是测量的数值。由此可见，一个物理量的测量值等于测量数值与单位的乘积，在物理实验中测量物理量记录数据时，一定要记录相应的单位。

计量单位的标准必须是国际公认的、唯一的、稳定不变的。国际单位制（SI）中，米、千克、秒、安培、开尔文、摩尔、坎德拉为七个基本单位，其他单位都是由这七个基本单位导出的，称为国际单位制的导出单位。

2．测量的基本分类

（1）按测量次数分类。

① 单次测量：某些测量比较简单，随机因素影响很小，所用的实验方法对该测量结果的准确度要求不高或者该测量在间接测量的最终结果中影响较小，在测量过程中就只需要测量一次。例如，用天平称量物理的质量，单次测量与多次测量的结果相差不大，为简化操作只需要进行单次测量。

② 多次测量：在测量中，为了提高测量精度，减少偶然误差对实验最终结果的影响，一般都采用多次测量。例如，用螺旋测微计测量小球的直径，通常进行多次测量。

（2）按测量方法分类。

① 直接测量：把一个量与标准量具直接进行比较而得到测量数值的测

量。例如，用米尺测量长度、用天平称质量、用秒表计时间、用温度计测量温度等。

② 间接测量：利用某些原理和公式，由直接测量得到的若干物理量推算出待测量值的测量。例如，测量一圆柱体的密度 $\rho$ 时，可以先直接测量出它的高 $h$、直径 $d$ 和质量 $m$，然后利用密度公式 $\rho=\frac{m}{V}=\frac{4m}{\pi hd^2}$ 计算出密度 $\rho$；测量当地的重力加速度 $g$，可先直接测出单摆的摆长 $L$ 和周期 $T$，再利用单摆的周期公式 $g=\frac{4\pi^2 L}{T^2}$ 求得重力加速度 $g$。

直接测量是最基本的测量方式，也是间接测量的基础。但在物理实验中大多数物理量不便直接测量，通常都是间接测量。在实际测量中，一个物理量是直接测量还是间接测量取决于实验方法和实验仪器，如用欧姆表测量电阻，电阻就是直接测量的物理量，用伏安法测电阻时，电阻就是间接测量的物理量。

（3）按测量条件分类。

① 等精度测量：在测量人员、仪器、方法、环境等测量条件不变的情况下进行的多次重复性测量。另外在实际测量中，若某些次要条件变化后对测量结果无明显的影响，一般也可按等精度测量处理。

② 不等精度测量：测量中，若诸测量条件中只要有一个发生了变化，这时所进行的测量就称为不等精度测量。

一般在进行多次重复测量时，要尽量保持等精度测量。

## 二、误差的基本概念

1．真值、最佳值

在一定条件下，任何一个物理量在某一时刻、某一状态下的大小都是客观存在的，不以人的意志为转移的客观量值，这个客观值称为真值，记为 $X$，真值是一个理想的概念，通常一个物理量的真值是不知道的。

在实际测量中，在对某一个物理量 $x$ 的 $n$ 次测量中，其算术平均值 $\bar{x}=\frac{1}{n}\sum x_i$ 最接近该物理量的客观真值，称为最佳值，实际中常用最佳值 $\bar{x}$ 代替真值 $X$。

2．绝对误差和相对误差

（1）绝对误差

在任何的实际测量中，因各种原因，比如测量者的操作、实验理论的近似性、仪器的精度、环境的不稳定性等，导致待测量的测量值 $x$ 与真值 $X$ 间总会存在着差异。测量值 $x$ 与真值 $X$ 之差就称为测量误差，简称误差，用 $\Delta x$ 表示，即

$$\Delta x(\text{误差})=x(\text{测量值})-X(\text{真值}) \tag{1-1-1}$$

由于是测量值与真值的绝对偏离，所以常常把该误差称为绝对误差。显然，式（1-1-1）定义的绝对误差反映了测量值偏离真值的大小和方向（正负）。

（2）相对误差

绝对误差的大小能够反映对同一被测量的测量结果的优劣，但在比较不同被测量时就不再适用，需要用相对误差来反映。即

$$E(\text{相对误差}) = \frac{\Delta x(\text{绝对误差})}{X(\text{真值})} \times 100\% \tag{1-1-2}$$

$E$ 称为测量的相对误差。

显然，相对误差的大小就可以比较两个不同测量结果的好与坏。一个完整的测量结果包括测量值和误差两个部分，在实际测量中，由于真值始终是未知的，所以常用最佳值代替真值进行计算。

## 三、误差的分类

### （一）误差的分类与成因

根据误差的性质及产生的原因，可将误差分为系统误差、随机误差和过失误差三种。

#### 1．系统误差

在相同条件下多次测量同一量时，测量结果出现固定的偏差，即误差的大小和方向保持不变，或在条件改变时，误差的大小和方向按某一确定的规律变化，这种误差称为系统误差。增加测量次数不能减少这种误差对测量结果的影响。系统误差按产生的原因的不同可分为：

（1）仪器误差：由于测量所用的工具、仪器固有缺陷而引起的误差。如刻度不准，零点未调好，天平砝码有破损而又未校准等。

（2）方法误差（理论误差）：由于实验所依据的原理不够完善，或者测量所依据的理论公式带有近似性，或者实验条件不能达到理论公式所规定的要求而引起的误差。例如，单摆的周期计算公式 $T = 2\pi\sqrt{l/g}$ 成立的条件是摆角趋于零，而在实验测定周期时，又必然要求有一定的摆角，再加上公式中未考虑空气浮力和摆线质量等影响因素，这就决定了测量结果必然有误差。

（3）环境误差：由于周围环境条件与实验要求不一致而引起的误差。例如，光照、温度、湿度、电磁场、气压等按一定规律变化而引起的误差。

（4）个人误差：由于测量者本身的生理特点、不良习惯或偏好而引起的误差。如在使用秒表时常常超前或滞后，读仪器刻度时常常偏大或偏小。

#### 2．随机误差（又称偶然误差）

随机误差是指在同一条件下多次测量同一被测量时，每次测量出现的误差时大时小，时正时负，完全是随机的。初看起来显得没有确定的规律，但在同一条件下多次测量，就可以发现误差的大小以及正负误差的出现是按一定的统计规律分布。这种绝对值和符号以不可预定方式经常变化着的误差，称为随机误差。

大量的测量随机误差服从正态分布，其特征表现为正方向误差和负方向误差

出现的次数大体相等，数值较小的误差出现的次数较多，很大的误差在没有错误的情况下通常不会出现，该规律在测量次数越多时表现得越明显。

3．过失误差（又称粗大误差）

凡是用测量时的客观条件不能解释为合理的那些明显歪曲实验结果的误差称为过失误差。这种误差是实验者在观测、记录和整理数据过程中，由于缺乏经验、粗心大意、操作不当等原因引起的一种差错，此类测量值必须剔除掉。例如读数错误、记录错误、操作错误、估算错误等。

## （二）测量结果的定性评价

测量结果的定性评价一般使用精密度、准确度和精确度来评价测量结果的好坏。

1．精密度

精密度表示测量结果中随机误差大小的程度，它反映了重复测量所得结果的离散程度。所谓测量的精密度高，就是指测量的重复性好，测量数据比较集中，离散程度小，即随机误差小，但系统误差的大小不明确。

2．准确度

准确度表示测量结果中系统误差大小的程度，它反映了测量值与真值符合的程度。所谓测量的准确度高，就是指测量数据的平均值偏离真值的程度小，即系统误差小，但随机误差的大小不明确。

3．精确度

精确度表示测量结果中系统误差与随机误差的综合大小程度，它表示测量值与真值的一致程度。所谓测量的精确度高，就是指测量数据比较集中在真值附近，即系统误差与随机误差都比较小。在科学实验中，总希望提高测量的精确度。精确度又常常简称为“精度”。

图 1-1-1 是用打靶弹着点的分布情况来说明精密度、准确度和精确度含义的示意图。

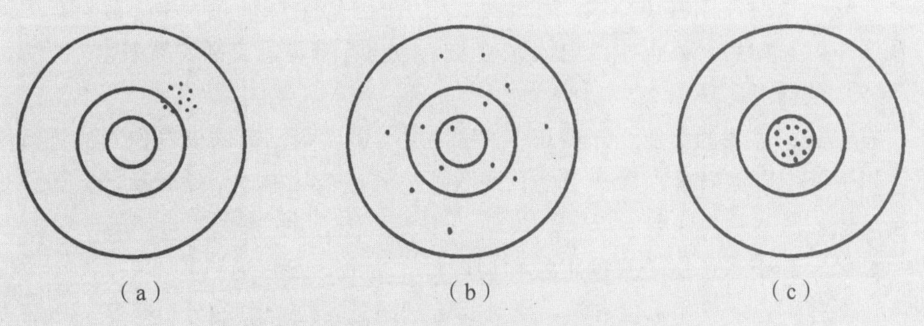


图 1-1-1　测量结果准确程度与射击打靶的类比

图 1-1-1（a）表示精密度高，但准确度低；图 1-1-1（b）表示准确度较高，但精密度低；图 1-1-1（c）表示精密度和准确度都高，称之为精确度高。

## 四、系统误差的处理

1．系统误差的发现

提高测量的精度首先要解决的是系统误差，然而系统误差往往隐藏在测量数据中，一般不能通过多次测量来消除，但系统误差又是影响测量结果准确度的主要因素，发现系统误差是消除和修正系统误差的前提，下面介绍几种发现某些系统误差的常用方法。

（1）理论分析法。

分析仪器所要求的工作条件是否满足，实验依据的原理、公式所要求的实验条件在测量过程中是否满足，例如，伏安法测电阻时，电流表的内阻不等于零，电压表的内阻不等于无穷大都会产生系统误差。

（2）实验对比法。

通过用不同的实验方法、测量方法和实验仪器等进行测量，或改变实验参数、实验条件和实验者等方式进行测量，比较结果差异，从而发现系统误差。

（3）数据分析法。

通过定量来判断是否有系统误差。在等精度测量中，分析所测数据明显不满足统计分布规律，则存在系统误差。

系统误差经常是一些实验测量的主要误差来源，由于它的出现一般都有较明显的原因，也都有某种确定的规律，因此在设计实验时应设法考虑减小或消除它的影响；而且在实验前还应对测量中可能产生的系统误差加以充分的分析和估计，并采取适当的措施使之降低到可忽略的程度，做完实验后应设法估计未能消除的系统误差之值，对测量结果加以修正。

2．系统误差的消除和修正

（1）对换法。

根据误差产生的原因，将测量中的某些条件相互交换，使产生系统误差的原因对测量结果起反作用，从而抵消了系统误差。如用天平称物体质量时，可将待测物与砝码交换位置再测一次，通过两次结果的平均，以消除天平不等臂产生的系统误差。又如用滑线电桥测电阻时被测电阻与标准电阻交换位置等。

（2）仪器对比法。

将仪器或仪表的示值引入修正值，就是用准确度级别高的仪器作对比进行修正。如用两个电流表接入同一电路，读数不一致，若其中一个是标准表，即可找出修正值。

总之，由于系统误差有确定性和规律性，因此，可以通过校准仪器、仪表、量具，改进实验装置和实验方法，或对实验结果进行理论上的分析等来对系统误差进行修正、减少并尽可能消除。实际当中由于系统误差的复杂性和多样性，实验者要结合实验的具体情况对系统误差进行分析和讨论，在实验中采取合适的方法和措施来减小或消除系统误差。

## 五、随机误差的处理

1．随机误差的正态分布规律

理论和实践都表明，当测量次数足够多时，一组等精度测量数据的随机误差服从一定的统计规律，常见的一种统计规律呈正态分布，如图 1-1-2 所示。图中横坐标 $x$ 表示某一物理量的测量值，纵坐标 $p(x)$ 表示测量值的概率密度，其数学表达式为

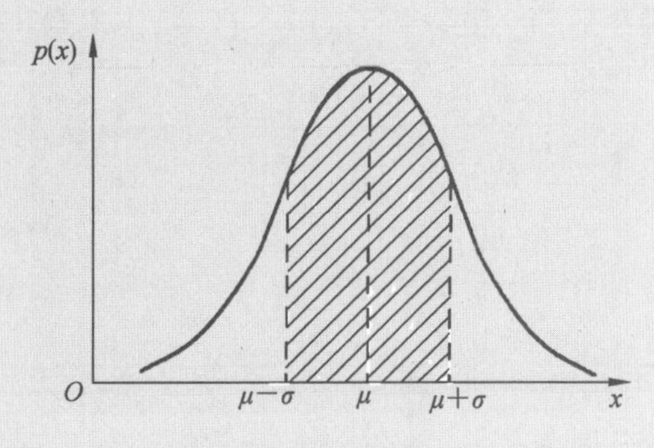


图 1-1-2　正态分布曲线

$$p(x)=\frac{1}{\sigma\sqrt{2\pi}}\mathrm{e}^{-(x-\mu)^2/2\sigma^2} \tag{1-1-3}$$

其中

$$\mu=\lim_{n\to\infty}\frac{\sum_{i=1}^{n}x_i}{n},\qquad \sigma=\lim_{n\to\infty}\sqrt{\frac{\sum_{i=1}^{n}(x_i-\mu)^2}{n}}$$

$\mu$ 为总体平均值；$\sigma$ 为正态分布的标准偏差，是表征测量分散性的一个重要参量。

从曲线上看，被测量值在 $x=\mu$ 处的概率密度最大，曲线峰值处的横坐标相应于测量次数 $n\to\infty$ 时的被测量的平均值 $\mu$，横坐标上任一点 $x_i$ 到 $\mu$ 值的距离 $(x_i-\mu)$ 即为测量值 $x_i$ 相应的随机误差分量。随机误差小的概率大，随机误差大的概率小。$\sigma$ 为曲线上拐点处的横坐标与 $\mu$ 值之差，它是表征测量值分散性的重要参数，称为正态分布的标准偏差。曲线与 $x$ 轴之间的总面积为 1，介于横坐标上任何两点间的某一面积就是随机误差在 $\pm\sigma$ 范围内的概率，即测量值落在 $(\mu-\sigma,\ \mu+\sigma)$ 区间内的概率。由定积分计算得出，其值为 68.3%。如将区间扩大到 2 倍，则 $x$ 落在 $(\mu-2\sigma,\ \mu+2\sigma)$ 区间中的概率为 95.4%；$x$ 落在 $(\mu-3\sigma,\ \mu+3\sigma)$ 区间中的概率为 99.7%。

图 1-1-2 分布曲线表明，在多次测量时，正负随机误差通常可以大致相互抵消，因而用多次测量的算术平均值表示测量结果可以减少随机误差的影响；测量值越分散，测量的随机误差也越大。因此，必须对测量的随机误差作出估算才能表示出测量的精密度。

2. 随机误差的估算

（1）最小二乘法原理与测量平均值。

在实际测量中，测量次数总是有限的，而且被测量的真值还是未知的，下面讨论随机误差的估算方法。

设对某一物理量在测量条件相同的情况下进行 $n$ 次测量，测量值分别为 $x_1$, $x_2$, …, $x_n$。当无系统误差存在时，其真值的最佳值 $x_0$ 是能使各次测量值与该值之差的平方和为最小的那个值，即 $f(x)=\sum_{i=1}^{n}(x_i-x_0)^2$ 有最小值

$$\frac{\mathrm{d}f(x)}{\mathrm{d}x}=-2\sum_{i=1}^{n}(x_i-x_0)=0 \tag{1-1-4}$$

则

$$x_0=\frac{1}{n}\sum_{i=1}^{n}x_i=\bar{x} \tag{1-1-5}$$

即算术平均值最接近于真值。

（2）有限次测量时，单次测量的标准偏差。

每一次测量值 $x_i$ 与平均值之差称为残差，记作 $v_i$，即

$$v_i=x_i-\bar{x} \tag{1-1-6}$$

由于真值往往不知道，所以在实际测量中，只能用残差 $v_i$ 代替误差 $\Delta x$ 进行计算。

因为实验中测量次数总是有限的，在大学物理实验中，测量次数 $n$ 通常取 $5\leqslant n\leqslant 10$，因此实际应用的都是这种情况下的单次测量值的标准偏差公式，即贝塞尔公式：用 $S$ 表示为

$$S=\sqrt{\frac{\sum_{i=1}^{n}(x_i-\bar{x})^2}{n-1}} \tag{1-1-7}$$

$S$ 是从有限次测量中计算出来的总体标准偏差 $\sigma$ 的最佳估计值，称为实验标准偏差，它表征对同一被测量量做 $n$ 次有限测量时，其结果的分散程度。其相应的置信概率接近于 68.3%，但不等于 68.3%。

（3）算术平均值 $\bar{x}$ 的标准偏差 $S_{\bar{x}}$

如果在相同条件下，对同一量做多组重复的系列测量，则每一系列测量都有一个算术平均值。由于随机误差的存在，两个测量列的算术平均值也不相同。它们围绕着被测量量的真值（设系统误差分量为零）有一定的分散。此分散说明了算术平均值的不可靠性，而算术平均值的标准偏差 $S_{\bar{x}}$ 则是表征同一被测量量的各个测量列算术平均值分散性的参数，可作为算术平均值不可靠性的评定标准。$S_{\bar{x}}$ 又称算术平均值的实验标准差。可以证明：

$$S_{\bar{x}}=\frac{S}{\sqrt{n}}=\sqrt{\frac{\sum_{i=1}^{n}(x_i-\bar{x})^2}{n(n-1)}} \tag{1-1-8}$$

由此可见，$S_{\bar{x}}<S$，随着测量次数的增加，平均值的标准偏差越来越小，测量精度越来越高，这就是通常所说的增加测量次数可以减小随机误差。但由于 $S_{\bar{x}}$ 与 $\sqrt{n}$ 成反比，$S_{\bar{x}}$ 的下降比 $n$ 的增长速率慢很多，$n>10$ 后，$S_{\bar{x}}$ 变化极慢，所以大学物理实验中测量次数一般取 5 ~ 10 次，在科学研究中的一般取 10 ~ 20 次。

## 第二节　测量结果的不确定度评价

### 一、测量不确定度的引入

前面我们明确了误差的概念，了解了什么是系统误差、随机误差以及过失误差。但是误差是一个理想的概念，它本身就是不确定的。根据定义，误差等于测量值与真值之差，由于真值一般不可能准确地知道，因而测量误差也不可能确切获知。既然误差无法按照其定义式精确求出，那么现实可行的办法就只能根据测量数据和测量条件进行推算（包括统计推算和其他推算），去求得误差的估计值。显然，由于误差是未知的，因此不应再将任何一个确定的已知值称作误差，而需要引入一个能表征被测量的真值在某个量值范围的概念来评定测量结果的质量。

误差的估计值或数位指标采用另一个专门名称，这个名称就是测量不确定度。测量不确定度也称为实验不确定度，简称不确定度，不确定度是对被测量的真值所处量值范围的评定。不确定度越小，表示测量结果与真值越靠近，测量结果的可信赖程度越可靠。反之，不确定度越大，测量结果与真值的差别越大，测量的质量越低，它的可靠性越差，使用价值就越低。

在这里要说明的是，误差和不确定度是两个不同的概念。误差是一个理想的概念，一般无法表示测量结果的误差。而不确定度则是表示由于测量误差的存在而对被测量值不能确定的程度，反映了可能存在的误差分布范围，所以不确定度能准确地用于测量结果的表示。

### 二、不确定度的分类与结果表示

不确定度按照其性质和估算方法的不同，可分为 A 类不确定度和 B 类不确定度。

1．A 类不确定度

在同一条件下多次重复测量时，其结果与真值形成的误差可以用统计学方法计算的不确定度，用 $u_A$ 表示。A 类不确定度是对测量结果离散性的评价，主要涉及随机误差。在大学物理实验中，一般采用贝塞尔公式法（式 1-1-7）计算 A 类不确定度。

2．B 类不确定度

用其他方法（非统计方法）评定的不确定度，用 $u_B$ 表示。B 类不确定度与系统误差相联系，如测量仪器不准确等。本书对 B 类不确定度的估算作简化处理，只讨论因仪器不准对应的不确定度。而仪器不准确的程度主要用仪器误差来表示，因此，B 类不确定度为

$$u_B = \Delta_{仪} \tag{1-2-1}$$

$\Delta_{仪}$ 为仪器误差或允许误差、示值误差，一般仪器说明书中都会注明。在大学物理实验中，仪器误差 $\Delta_{仪}$ 可按照以下原则来确定。

（1）可估读的测量仪器，$\Delta_{仪}$ 按最小刻度的一半来估算，例如：

米尺或钢卷尺（最小刻度值 1 mm）：$\Delta_{仪} = \dfrac{1}{2}\ \text{mm} = 0.5\ \text{mm}$

物理天平（感量 0.1 g）：$\Delta_{仪} = \dfrac{0.1}{2}\ \text{g} = 0.05\ \text{g}$

（2）不可估读的测量仪器，$\Delta_{仪}$ 按最小分度值估算，例如：

游标卡尺（20 分度）：$\Delta_{仪} = 0.05\ \text{mm}$；游标卡尺（50 分度）：$\Delta_{仪} = 0.02\ \text{mm}$

各类数字式仪表：$\Delta_{仪}$ = 仪器最小分辨率读数

分光计：$\Delta_{仪}$ = 最小分度值(30″, 1″)

（3）有仪器说明书的，$\Delta_{仪}$ 按仪器说明书的规定估算，例如：

螺旋测微计（0 ~ 50 mm，一级）：$\Delta_{仪} = 0.004\ \text{mm}$

电磁仪表（指针式电流表、电压表）：$\Delta_{仪} = \dfrac{k}{100} \times$ 量程　（$k$ 是仪表准确度等级）

直流电阻箱：$\Delta_{仪} = \dfrac{k}{100} \times$ 示值　（$k$ 是仪表准确度等级）

其他特定仪器，$\Delta_{仪}$ 由实验室给出。

3．合成不确定度

上述两类不确定度的合成不确定度（也称总不确定度）为

$$u_C = \sqrt{u_A^2 + u_B^2} \tag{1-2-2}$$

合成不确定度 $u_C$ 是 $u_A$ 和 $u_B$ 两个彼此独立的统计和非统计不确定度的平方和的平方根。合成不确定度表明在测量过程中所有不确定度对测量结果的合成影响。

4．测量结果表示

$$x = \bar{x} \pm u_C = \bar{x} \pm \sqrt{u_A^2 + u_B^2} \quad （单位） \tag{1-2-3}$$

相对不确定度：

$$E_r = \frac{u_C}{\bar{x}} \times 100\% \tag{1-2-4}$$

## 三、直接测量不确定度的估算

1．单次测量的不确定度计算与结果表示

作为单次测量，不存在采用统计方法计算的不确定度 A 类分量，因此，单次测量的合成不确定度就等于不确定度 B 类分量。即

$$u_C = u_B \tag{1-2-5}$$

测量结果表示

$$x = \bar{x} \pm u_B \quad （单位） \tag{1-2-6}$$

一般 B 类不确定度 $u_B$ 只取一位有效数字，而测量量的有效数字的最后一位应与 $u_B$ 对齐。

2．多次重复性测量的不确定度计算

对于不确定度 A 类分量 $u_A$ 主要讨论多次等精度测量条件下读数分散对应的不确定度，并且用贝塞尔公式计算不确定度 A；对于不确定度 B 类分量，主要讨论仪器不准确对应的不确定度；合成不确定度由这两类不确定度的“方和根”得到。即

$$\begin{cases} u_A = \sqrt{\dfrac{\sum (x_i - \bar{x})^2}{n-1}} \\ u_B = \varDelta_{仪} \\ u_C = \sqrt{u_A^2 + u_B^2} \end{cases} \tag{1-2-7}$$

测量结果表示为式（1-2-3）。

补充说明：

（1）由于不确定度本身只是一个估计值，因此，在一般情况下，表示最后结果的不确定度只取一位有效数字，最多不超过两位。在大学物理实验中，绝对不确定度一般取一位有效数字，相对不确定度一般取两位有效数字。

（2）在科学实验或工程技术中，有时不要求或不可能明确标明测量结果的不确定度，这时常用有效数字粗略表示出测量的不确定度，即测量值有效数字的最后一位表示不确定度的所在位。因此测量记录时要注意有效数字不能随意增减。

**例 1-2-1**　用量程 0 ~ 25 mm，分度值为 0.01 mm 的螺旋测微计测量小球的直径，零点读数为 – 0.005 mm，测量数据如表 1-2-1 所示。求小球直径的测量结果。

表 1-2-1　小球直径测量数据

| 测量量 | 测量次数 | | | | | |
|---|---|---|---|---|---|---|
| | 1 | 2 | 3 | 4 | 5 | 6 |
| 直径 $d$/mm | 6.288 | 6.278 | 6.285 | 6.282 | 6.279 | 6.285 |

**解：** 零点修正后的测量值为 6.293 mm、6.283 mm、6.290 mm、6.287 mm、6.284 mm、6.290 mm

（1）小球直径的平均值。

$$\bar{d}=\frac{\sum_{i=1}^{6}d_i}{6}=\frac{6.293+6.283+6.290+6.287+6.284+6.290}{6}=6.287\ 8\ (\text{mm})$$

（2）计算 A 类不确定度 $u_A$。

$$u_A=\sqrt{\frac{\sum_{i=1}^{n}(\text{d}_i-\bar{d})^2}{n-1}}=\sqrt{\frac{\sum_{i=1}^{6}(\text{d}_i-\bar{d})^2}{6-1}}=\sqrt{\frac{74.36\times10^{-6}}{5}}\approx0.003\ 8\ (\text{mm})$$

（3）计算 B 类不确定度 $u_B$。

螺旋测微计的仪器误差为 $\Delta_{仪}=0.004$ mm，则

$$u_B=\Delta_{仪}=0.004\ (\text{mm})$$

（4）合成不确定度 $u_C$。

$$u_C=\sqrt{u_A^2+u_B^2}=\sqrt{0.003\ 8^2+0.004^2}=0.005\ 5\ (\text{mm})$$

（5）测量结果表示。

$$d=\bar{d}\pm u_C=6.288\pm0.006(\text{mm})$$

相对不确定度

$$E_r=\frac{u_C}{\bar{d}}\times100\%=\frac{0.006}{6.288}\times100\%=0.048\%$$

## 四、间接测量不确定度的估算

大学物理实验中，绝大多数的测量都是间接测量，每个直接测量量的不确定度均要传递给间接测量量。设间接测量量为

$$N=f(x,y,z) \tag{1-2-8}$$

$x$、$y$、$z$ 是相互独立的可直接测量量，各直接测量量的测量结果为

$$x=\bar{x}\pm u_C(\bar{x})；\quad y=\bar{y}\pm u_C(\bar{y})；\quad z=\bar{z}\pm u_C(\bar{z}) \tag{1-2-9}$$

1．间接测量结果的最佳值

在直接测量中，我们取算术平均值作为测量的最佳值表示测量结果，则将直接测量量的最佳值 $\bar{x}$、$\bar{y}$、$\bar{z}$ 代入函数关系式（1-2-8）中，所得的值就是间接测量量 $N$ 的最佳值，用 $\bar{N}$ 表示。即

$$\bar{N}=f(\bar{x},\bar{y},\bar{z}) \tag{1-2-10}$$

2．间接测量结果的不确定度计算

间接测量量的不确定度是由每个直接测量量的不确定度传递产生的，其大小可根据数学上的偏微分求出，间接测量量 $N$ 的合成不确定度为

$$u_{\mathrm{C}}(\bar{N})=\sqrt{\left(\frac{\partial f}{\partial x}\right)^{2} u_{\mathrm{C}}^{2}(\bar{x})+\left(\frac{\partial f}{\partial y}\right)^{2} u_{\mathrm{C}}^{2}(\bar{y})+\left(\frac{\partial f}{\partial z}\right)^{2} u_{\mathrm{C}}^{2}(\bar{z})} \tag{1-2-11}$$

相对不确定度可由下式求得

$$\begin{aligned} E_{N} &= \frac{u_{\mathrm{C}}(\bar{N})}{\bar{N}} \\ &= \sqrt{\left(\frac{\partial \ln f}{\partial x}\right)^{2} u_{\mathrm{C}}^{2}(\bar{x})+\left(\frac{\partial \ln f}{\partial y}\right)^{2} u_{\mathrm{C}}^{2}(\bar{y})+\left(\frac{\partial \ln f}{\partial z}\right)^{2} u_{\mathrm{C}}^{2}(\bar{z})} \end{aligned} \tag{1-2-12}$$

对于加减形式的函数关系式用式（1-2-11）计算合成不确定度比较简便，而对于乘、除、乘方等函数关系式，可以先用式（1-2-12）计算出相对不确定度 $E_N$，再根据下式

$$\begin{aligned} u_{\mathrm{C}}(\bar{N}) &= E_{N} \cdot \bar{N} \\ &= \bar{N} \cdot \sqrt{\left(\frac{\partial \ln f}{\partial x}\right)^{2} u_{\mathrm{C}}^{2}(\bar{x})+\left(\frac{\partial \ln f}{\partial y}\right)^{2} u_{\mathrm{C}}^{2}(\bar{y})+\left(\frac{\partial \ln f}{\partial z}\right)^{2} u_{\mathrm{C}}^{2}(\bar{z})} \end{aligned} \tag{1-2-13}$$

计算合成不确定度更方便。

3. 测量结果表示

间接测量结果的表示与直接测量结果的表示类似，可表示为

$$N=\bar{N} \pm u_{\mathrm{C}}(\bar{N}) \quad (\text{单位}) \tag{1-2-14}$$

相对不确定度：

$$E_{N}=\frac{u_{\mathrm{C}}(\bar{N})}{\bar{N}} \times 100\% \tag{1-2-15}$$

**例 1-2-2** 用游标精度为 0.02 mm 的游标卡尺测量圆柱体的外径（$D$）和高（$H$）如表 1-2-2 所示，求此圆柱体的体积 $V$。

表 1-2-2 圆柱体的测量数据

| 测量量 | 测量次数 | | | | | | | | | |
|---|---|---|---|---|---|---|---|---|---|---|
| | 1 | 2 | 3 | 4 | 5 | 6 | 7 | 8 | 9 | 10 |
| 外径 $D$/mm | 60.04 | 60.02 | 60.06 | 60.00 | 60.06 | 60.00 | 60.06 | 60.04 | 60.00 | 60.00 |
| 高 $H$/mm | 80.96 | 80.94 | 80.92 | 80.96 | 80.96 | 80.94 | 80.94 | 80.98 | 80.94 | 80.96 |

**解：**（1）直接测量量外径、高的最佳值和 A 类不确定度。

外径的最佳值 $\bar{D}$ 和 A 类不确定度 $u_A(\bar{D})$ 分别为

$$\bar{D}=\frac{1}{n}\sum D_i=60.028\ \text{mm}=6.0028\ (\text{cm})$$

$$u_A(\bar{D})=\sqrt{\frac{\sum(D_i-\bar{D})^2}{n-1}}=0.027\ \text{mm}=0.002\ 7\ (\text{cm})$$

高的最佳值 $\bar{H}$ 和 A 类不确定度 $u_A(\bar{H})$ 分别为

$$\bar{H}=\frac{1}{n}\sum H_i=80.950\ \text{mm}=8.095\ 0\ (\text{cm})$$

$$u_A(\bar{H})=\sqrt{\frac{\sum(H_i-\bar{H})^2}{n-1}}=0.017\ \text{mm}=0.001\ 7\ (\text{cm})$$

（2）外径和高的 B 类不确定度。

$$u_B=\Delta_{仪}=0.02\ \text{mm}=0.002\ (\text{cm})$$

（3）直接测量量外径、高的合成不确定度。

$$u_C(\bar{D})=\sqrt{u_A^2(\bar{D})+u_B^2(\bar{D})}=3.4\times10^{-3}\text{cm}=0.004\ (\text{cm})$$

$$u_C(\bar{H})=\sqrt{u_A^2(\bar{H})+u_B^2(\bar{H})}=2.6\times10^{-3}\text{cm}=0.003\ (\text{cm})$$

（4）外径 $D$ 和高 $H$ 的测量结果表达式。

$$D-\bar{D}\pm u_C(\bar{D})-6.003\pm0.004\ (\text{cm})$$

$$H=\bar{H}\pm u_C(\bar{H})=8.095\pm0.003\ (\text{cm})$$

（5）圆柱体的体积。

$$\bar{V}=\frac{\pi}{4}\bar{D}^2\bar{H}=229.11\ (\text{cm}^3)$$

（6）间接测量量圆柱体体积的总合成不确定度。

$$u_C(\bar{V})=\sqrt{\left(\frac{\partial V}{\partial D}\right)^2u_C^2(\bar{D})+\left(\frac{\partial V}{\partial H}\right)^2u_C^2(\bar{H})}$$

其中不确定度传递系数分别为

$$\frac{\partial V}{\partial D}=\frac{\partial}{\partial D}\left(\frac{\pi}{4}\bar{D}^2\bar{H}\right)=\frac{\pi}{2}\bar{D}\bar{H}=76\ (\text{cm}^2)$$

$$\frac{\partial V}{\partial H}=\frac{\partial}{\partial H}\left(\frac{\pi}{4}\bar{D}^2\bar{H}\right)=\frac{\pi}{4}\bar{D}^2=28\ (\text{cm}^2)$$

因此

$$u_C(\bar{V})=\sqrt{76^2\times0.004^2+28^2\times0.003^2}=0.32\approx0.4\ (\text{cm}^3)$$

（7）测量结果表达式。

$$V=\bar{V}\pm u_C(\bar{V})=229.1\pm0.4\ (\text{cm}^3)$$

相对不确定度：

$$E_V=\frac{u_C(\bar{V})}{\bar{V}}\times100\%=\frac{0.4}{229.1}\times100\%=0.17\%$$

# 第三节　有效数字及其运算规则

在物理实验的测量中，测量的结果由数值和单位组成，它反映出仪器的精度和被测对象的数值信息，由于物理测量中总存在误差，因而直接测得量的数值只能是一个近似数并具有某种不确定性，由直接测得量通过计算求得的间接测量量也是一个近似数，而测量不确定度决定了测量值的数字只能是有限位数，不能随意取舍。因此，在物理测量中，必须按照下面介绍的“有效数字”的表示方法和运算规则来正确表达和计算测量结果。

## 一、测量结果的有效数字

### 1．有效数字的定义

所谓有效数字就是能够正确而有效地表示测量和实验结果的数字，它能传递出被测量实际大小的信息。对于可估读的测量仪器而言，有效数字是由所有可靠数字加上末位的可疑数字组成的。例如，用最小分度为 1 mm 的米尺测量一物体的长度，不同的测量者测得的结果可能是不同的，可能是 6.92 cm、6.91 cm、6.93 cm 等，前两位的 6.9 cm 是从米尺上直接读出来的，为可靠数字；最后一位需要估读，会因为不同的测量者而读出不同的数字，是不准确的，称为可疑数字。

而对于不可估读的测量仪器而言，直接读得的所有数字，即有效数字。例如，某一数字信号发生器，输出一固定频率的正弦电信号，数字表显示的频率为 36 900 Hz，记录数据即为 36 900 Hz，该数值即为有效数字。

### 2．有效数字的性质

（1）十进制中有效数字的位数与单位换算无关。

例如，36.9 mm、3.69 cm、0.036 9 m 都是三位有效数字，为记录方便，通常采用科学计数法，用这种方法记录数值时，常在小数点前只写一位非零数字，则上述测量结果可分别写成：$3.69\times10$ mm、3.69 cm、$3.69\times10^{-2}$ m。

（2）最高位非零数字以前的“0”不是有效数字，而非零数字以后的“0”都是有效数字。

例如，0.030 690 m 的有效数字是四位，前两个“0”是有效数字，中间和末尾的“0”都是有效数字。

（3）有效数字的舍入修约法则：四舍六入五凑偶。

拟舍去数字的最左一位数字小于 5 时，则舍去，大于 5 的则进位，等于 5 则把保留数字的末位凑成偶数。如下列数据保留四位有效数字，舍入后的数据为：

3.141 59→3.142；6.913 29→6.913；9.630 50→9.630；1.935 50→1.936；3.368 501→3.368

对于测量结果的不确定度的有效数字，在大学物理实验中规定采取只进不舍的规则。例如上节的实例中，体积的不确定度计算结果为 0.32 $\mathrm{cm^3}$，结果表示 $u_C(V)=0.4\ \mathrm{cm^3}$。这里就是采用了只进不舍的规则。

## 二、有效数字的运算规则

1．加减法运算规则

加减法运算中，和或差的有效数字中的估读数字所占位数，与参与运算的各数值中估读数字所占位数最高的相同（下画线的数为可疑数字，下同）。

例如：$31.1\underline{2}+1.268\underline{6}=32.3\underline{8}\underline{8}\underline{6}$

结果表示为：$32.3\underline{9}$

2．乘法运算规则

两个数相乘的积，其有效数字的位数一般与参与运算的各有效数字中位数最少的相同。但如果它们的最高位相乘的积大于或等于 10，其积的有效数字位数应比参与运算的有效数字中位数最少的多一位。

例如：$12.2\underline{3}\times1.3\underline{6}=19.\underline{6}$

$$\begin{array}{rrrrrr}
 & 1 & 2. & 2 & \underline{3} \\
\times & & 1. & 3 & \underline{6} \\
\hline
 & & \underline{7} & \underline{3} & \underline{3} & \underline{8} \\
 & 3 & 6 & 6 & \underline{9} & \\
1 & 2 & 2 & \underline{3} & & \\
\hline
1 & 6. & \underline{6} & \underline{3} & \underline{2} & \underline{8}
\end{array}$$

又如：$31.3\underline{6}\times4.1\underline{2}=129.\underline{2}$

$$\begin{array}{rrrrrrr}
 & & & 3 & 1. & 3 & \underline{6} \\
 & & \times & & 4. & 1 & \underline{2} \\
\hline
 & & & \underline{6} & \underline{2.} & \underline{7} & \underline{2} \\
 & & 3 & 1 & 3 & \underline{6} & \\
1 & 2 & 5 & 4 & \underline{4} & & \\
\hline
1 & 2 & 9. & \underline{2} & \underline{0} & \underline{3} & \underline{2}
\end{array}$$

3．除法运算规则

两个数相除，一般情况下商的有效数字位数应与被除数及除数中的有效位数较少者的有效位数相同，但如果被除数的有效位数小于或等于除数有效位数，并且它的最高位的数小于除数的最高位的数，则商的有效数字应比被除数少一位。

例如：$52.\underline{8}\div12.\underline{2}=4.3\underline{3}$　　又如：$12\underline{7}\div36\underline{1}=0.3\underline{5}$

```
          4. 3 2 7                         0. 3 5 1 8
     ┌─────────────────              ┌─────────────────
12.2 │5 2. 8                     361 │1 2 7 0
     │4 8  8                         │1 0 8 3
     ──────────────                  ──────────────
      4 0 0                            1 8 7 0
      3 6 6                            1 8 0 5
   ──────────────                  ──────────────
        3 4 0                              6 5 0
        2 4 4                              3 6 1
   ──────────────                  ──────────────
          9 6 0                            2 8 9 0
          8 5 4                            2 8 8 8
   ──────────────                  ──────────────
          1 0 6                                  2
```

4．乘方和开方运算规则

计算结果的有效数字与被乘方、开方数的有效数字位数相同。

例如：$1.40^2 = 1.96$，$4.5^2 = 20.2$，$\sqrt{200} = 14.1$

5．对数函数、指数函数的运算规则

对于常用对数函数运算结果的有效数字中，小数点后面的位数与真数的有效数字的位数相同；对自然对数，其运算结果的有效数字与真数的有效数字的位数相同；指数函数运算结果的有效数字的位数与指数中小数点后面的位数相同（包括小数点后的零）。

例如：$\lg 36.9 = 1.567$，$\ln 36.9 = 3.61$，$10^{3.69} = 4.9 \times 10^3$

## 三、有效数字与不确定度

测量结果的不确定度只取一位有效数字，并且只进不舍。另外，测量值的有效数字的位数应由绝对不确定度决定，测量值只保留一位可疑数字，这一位应与不确定度的末位对齐。

例如在上一节例题 1-2-2 中，圆柱体的体积的间接测量量的表达式：$V = (229.1 \pm 0.4)\ \text{cm}^3$，测量值的末位“1”刚好与不确定度 0.4 的“4”对齐。如果写成 $V = (229.1 \pm 0.4)\ \text{cm}^3$ 或 $V = (229.1 \pm 0.32)\ \text{cm}^3$ 都是错误的。

由于有效数字的末位要与不确定度的末位对齐，因此，有效数字的位数越多，测量的不确定度越小；有效数字的位数越少，测量的不确定度越大。可见，有效数字能在一定程度上反映出测量的不确定度。

# 第四节　实验数据处理的常用方法

用简明而严格的方法把实验数据所代表的事物内在的规律性提炼出来就是数据处理，它包括记录、整理、计算、分析和讨论等处理方法。数据处理是物理实验的重要组成部分，通过数据处理可以找出各物理量之间的关系和变化规律，大学物理实验中数据处理的常用方法有列表法、作图法、逐差法和最小二乘法。

## 一、列表法

直接从仪器或量具上读出的、未经任何数学处理的数据称为实验测量的原始数据，它是实验的宝贵资料，是获得实验结果的依据。正确完整地记录原始数据是顺利完成实验的重要保证。

在记录数据时，把数据列成表格形式，既可以简单而明确地表示出有关物理量之间的对应关系，便于分析和发现数据的规律性，也有助于检验和发现实验中的问题。

设计记录表格的具体要求：

（1）表格设计力求简洁明了，既要便于完整地记录原始数据，又要便于看出相关量之间的对应关系，便于分析数据之间的函数关系和数据处理。

（2）表格的标题栏中应准确注明代表各物理量的符号和单位，单位写在物理符号所在的标题栏中。

（3）实验室所给出的数据或查得的单项数据应列在表格的上部。

（4）表中所列数据要正确反映测量结果的有效数字。

（5）为了便于揭示或说明各物理量间的关系，可根据需要增加数据处理过程中出现的重要中间结果的栏目。

（6）栏目设计的顺序应注意数据的测量和计算顺序，对有函数关系的测量数据，则应按照自变量的大小顺序排列。

**例 1-4-1** 列表法表示伏安法测电阻的测量数据见表 1-4-1。

表 1-4-1 伏安法测电阻的测量数据

| 电压/V | 0.00 | 1.00 | 2.00 | 3.00 | 4.00 | 5.00 | 6.00 | 7.00 | 8.00 | 9.00 |
|---|---|---|---|---|---|---|---|---|---|---|
| 电流/A | 0.00 | 0.50 | 1.02 | 1.49 | 2.05 | 2.51 | 2.98 | 3.52 | 4.00 | 4.48 |

## 二、作图法

作图法是将一系列数据之间的关系或其变化情况用图线直观地表示出来，是一种最常用的数据处理方法。它可以研究物理量之间的变化规律，找出对应的函数关系得出经验公式。如果图线是依据许多测量数据点描述出来的光滑曲线，则作图法有多次测量取其平均效果的作用；作图法能简便地从图线上求出实验需要的某些结果，绘出仪器的校准曲线；在图线范围内可以直接读出没有进行观测的对应于 $x$ 的 $y$ 值（即内插法），在一定条件下，也可以从图线的延伸部分读到测量范围内以外无法测量的点的值（即外推法）。由图线还可以帮助发现实验中个别的测量错误，并可通过图线进行系统误差分析。

### （一）作图要求

1. 选用种类合适的坐标纸

实验曲线必须用坐标纸绘制，应根据要表示的函数性质正确选用。如，函数关系为线性关系时选用直角坐标纸，为对数关系时可选用对数坐标纸。

2．坐标比例的选取与标度

作图时通常以横轴（$x$ 轴）代表自变量，纵轴（$y$ 轴）代表因变量，并标明坐标轴所代表的物理量名称（或符号）及单位。坐标轴上每隔一定间距标明代表的物理量值，称坐标度，标度大小一般应使坐标纸上最小格与可靠数字的最后一位相对应。为使图线布局合理，应当合理选取比例，使图线比较对称地充满整个图纸，而不是偏向一边。纵横两坐标轴的比例可以不同，坐标轴的起点也不一定从零开始。对于数据特别大的或特别小的，则可以写成数量级表示法，如：$\times 10^{m}$ 或 $\times 10^{-n}$，并放在坐标轴最大值的右边（或上方）。

3．描点与连线

根据测量数据，用铅笔在坐标纸上以“+”“×”“*”等符号标出各测量点。当一张图纸上要画几条实验曲线时，每条曲线应分别用不同的符号标记，以免混淆。

根据不同函数关系对应的实验数据点的分布，把点连成直线或光滑曲线或折线，连线要用直尺或曲线板等作图工具，连线要细而清晰。图线并不一定通过所有的点，而是使数据点均匀地分布在图线两旁。如果个别点偏离太大，应仔细分析后决定取舍或重新测定。作仪表的校准曲线要通过校准点连成折线。

4．标注图名

做好实验图线后，应在图纸上方或下方写明图线的名称，如有必要，还需在图名下方注明简要的实验条件。

## （二）图解法求直线的斜率和截距

根据已作好的图线，应用解析的方法，求出对应的函数和有关参量，这种方法称为图解法。

1．直线斜率和截距的求法

当图线是直线时，只要求出直线的斜率 $k$ 和截距 $b$，就可以得到直线方程。

（1）直线斜率的求法。

设图线的直线方程为

$$y = kx + b$$

在图线上取两相距较远的点 $p_1(x_1,\ y_1)$ 和 $p_2(x_2,\ y_2)$ 的坐标代入上述方程，有

$$y_1 = kx_1 + b$$

$$y_2 = kx_2 + b$$

联立求得

$$k = \frac{y_2 - y_1}{x_2 - x_1}$$

注意：在物理实验的坐标系中，纵坐标和横坐标代表不同的物理量，分度值与空间坐标不同，故不能用量取直线倾角求正切值的办法求斜率。

（2）直线截距的求法。

在直线上再取一点 $p_3(x_3,\ y_3)$，代入式 $y=kx+b$ 中，求得截距

$$b = y_3 - ax_3 = y_3 - \frac{y_2 - y_1}{x_2 - x_1} x_3$$

利用描点作图求斜率和截距仅是粗略的方法，严格的方法应该用线性拟合最小二乘法，后面将予以介绍。

2．曲线改直

在许多实际问题中，物理量之间的关系不是线性的，即实验图线不是直线，但只要通过适当的变换，就可以把它转化成线性问题，这就是所谓的曲线改直。

（1）$y=ax^b$（式中 $a$ 和 $b$ 均为常量）。

两边取对数得

$$\lg y = \lg a + b \lg x$$

以 $\lg x$ 为横坐标，$\lg y$ 为纵坐标，即可得一直线，其中的斜率为 $b$，截距为 $\lg a$。

（2）$\frac{1}{y}=\frac{a}{x}+b$（式中 $a$ 和 $b$ 均为常量）。

以 $\frac{1}{x}$ 为横坐标，$\frac{1}{y}$ 为纵坐标，即可得一直线，其中的斜率为 $a$，截距为 $b$。

类似的单摆法测重力加速度 $g$ 的实验中，利用改写的单摆周期公式 $L=\frac{g}{4\pi^2}T^2$，以 $T^2$ 为横坐标，$L$ 为纵坐标，可得一过原点的直线，利用斜率可以很方便地求出重力加速度 $g$。

## 三、逐差法

在物理实验中，有时会遇到一类通过自变量等间隔变化来获取测量数据的问题，处理这类问题常用的数据处理方法就是逐差法。

1．逐差法使用的条件

（1）函数具有 $y=a+bx$ 的线性关系或 $x$ 的多项式形式。

（2）自变量 $x$ 是等间距变化的。

2．用逐差法求物理量的数值

用逐差法处理数据的具体做法是将测量得到的偶数组数据分成前后两组，将对应项分别相减，然后再求平均值。

**例 1-4-2**　用拉伸法测定弹簧的劲度系数 $k$。

**解**：根据胡克定律，在弹性限度内，拉力为

$$F = kx$$

如果等间隔地改变拉力 $\Delta F$（增加或减少砝码），测得相应的弹簧伸长量 $\Delta x$，数据见表 1-4-2

表 1-4-2　逐差法测弹簧的劲度系数数据表

| 砝码质量/g | 弹簧伸长量/cm | 相减/cm | 等间隔相减/cm |
|---|---|---|---|
| 0 | $x_0 = 10.00$ | $x_1 - x_0 = 0.81$ | $x_4 - x_0 = 3.22$ |
| 10 | $x_1 = 10.81$ | $x_2 - x_1 = 0.79$ | |
| 20 | $x_2 = 11.60$ | $x_3 - x_2 = 0.83$ | $x_5 - x_1 = 3.20$ |
| 30 | $x_3 = 12.43$ | $x_4 - x_3 = 0.79$ | |
| 40 | $x_4 = 13.22$ | $x_5 - x_4 = 0.79$ | $x_6 - x_2 = 3.23$ |
| 50 | $x_5 = 14.01$ | $x_6 - x_5 = 0.82$ | |
| 60 | $x_6 = 14.83$ | $x_7 - x_6 = 0.79$ | $x_7 - x_3 = 3.19$ |
| 70 | $x_7 = 15.62$ | | |

采用每增加 10 g 砝码时，计算弹簧的伸长量 $\Delta\overline{x}$ 的平均值为

$$\Delta\overline{x} = \frac{(x_1 - x_0) + (x_2 - x_1) + \cdots + (x_6 - x_5) + (x_7 - x_6)}{7} = \frac{(x_7 - x_0)}{7} = 0.803\ (\text{cm})$$

在上式中，中间数值 $x_1 \sim x_6$ 均相互抵消，未能起到平均的作用，与第 7 项单次测量等价，故不能用这种方法进行平均值的处理。

而用逐差法处理数据，即把数据分成两组，低组（$x_0$、$x_1$、$x_2$、$x_3$）和高组（$x_4$、$x_5$、$x_6$、$x_7$），然后对应项相减再取平均值，即求出每间隔 40 g 砝码时弹簧的伸长量 $\Delta\overline{x}$ 的平均值为

$$\Delta\overline{x} = \frac{(x_4 - x_0) + (x_5 - x_1) + (x_6 - x_2) + (x_7 - x_3)}{4} = 3.21\ (\text{cm})$$

这种方法称为逐差法。可以看出：逐差法具有充分利用所有测量数据，减小计算结果的误差等优点。

## 四、最小二乘法与一元线性回归

作图法在数据处理中虽然是一种直观而便利的方法，但在图线的绘制过程中往往会引入附加误差，因为它不是建立在严格的统计理论基础上的数据处理方法，所得结果也很难对它做进一步的误差分析。为了克服这些缺点，可以用最小二乘法为基础的实验处理数据方法。最小二乘法是一种比较精确的曲线拟合方法。它的判据是，对等精度测量若存在一条最佳的拟合曲线，那么各测量值与这条曲线上对应点之差的平方和应取极小值。下面就数据处理中的最小二乘法原理做简单介绍。

从实验数据求经验方程，称为方程的线性回归。本课程仅讨论函数关系

已经确定，但式中的系数是未知的，在测量了 $n$ 对（$x_i$, $y_i$）值后，确定系数的最佳估计值，从而将函数具体化，即一元线性方程的回归问题（或称直线拟合问题）。

线性回归是一种以最小二乘原理为基础的实验数据处理方法，下面就数据处理中的最小二乘原理作简单介绍。

设已知函数的形式为

$$y = kx + b \tag{1-4-1}$$

由于自变量只有 $x$ 一个，故称为一元线性回归。这是方程回归中最简单最基本的问题。在一元线性回归中需要确定的 $k$ 和 $b$，即为作图法中需要确定的斜率和截距。

由实验测得到的自变量 $x$ 和因变量 $y$ 的数据是

$$x = x_1,\ x_2,\ x_3,\ \cdots,\ x_n;\quad y = y_1,\ y_2,\ y_3,\ \cdots,\ y_n$$

假定测量精度较高的物理量作为自变量 $x$，其误差可忽略不计，而把精度较低的物理量作为因变量 $y$。显然，如果从上述测量列中任取（$x_i$, $y_i$）的两组数据就可得出一条直线，只不过这条直线的误差有可能很大。直线拟合（线性回归）的任务就是用数学分析的方法从这些观测到的数据中求出一个误差最小的最佳经验公式 $y = kx + b$。根据这一最佳经验公式作出的图线虽然不一定能通过每一个实验观测点、但是它以最接近这些实验点的方式平滑地穿过它们。因此，对应于每一个 $x_i$ 值，观测值 $y_i$ 和直线上相应点 $kx_i + b$ 的值之间存在一个偏差 $\varepsilon_i$，即

$$\varepsilon_i = y_i - y = y_i - (kx_i + b) \tag{1-4-2}$$

最小二乘法原理是说，所求最佳直线的斜率 $k$ 和截距 $b$ 的值应使各测试点 $y_i$ 的偏差平方和为最小，即 $k$、$b$ 应满足

$$\sum \varepsilon_i^2 = \sum [y_i - (kx_i + b)]^2 = \min \tag{1-4-3}$$

为了求式（1-4-3）的最小值，将式（1-4-3）分别对 $k$ 和 $b$ 求一阶偏导，即

$$\frac{\partial \sum \varepsilon_i^2}{\partial b} = -2\sum (y_i - b - kx_i) = 0 \tag{1-4-4}$$

$$\frac{\partial \sum \varepsilon_i^2}{\partial k} = -2\sum [(y_i - b - kx_i)x_i] = 0 \tag{1-4-5}$$

整理后写为

$$k\overline{x} + b = \overline{y} \tag{1-4-6}$$

$$k\overline{x^2} + b\overline{x} = \overline{xy} \tag{1-4-7}$$

其中

$$\overline{x}=\frac{1}{n}\sum x_i\ ,\quad \overline{y}=\frac{1}{n}\sum y_i\ ,\quad \overline{x^2}=\frac{1}{n}\sum x_i^2\ ,\quad \overline{y^2}=\frac{1}{n}\sum y_i^2\ ,\quad \overline{xy}=\frac{1}{n}\sum x_i y_i$$

式（1-4-6）和（1-4-7）的解为

$$k=\frac{\overline{xy}-\overline{x}\cdot\overline{y}}{\overline{x^2}-\overline{x}^2},\quad b=\overline{y}-k\overline{x} \tag{1-4-8}$$

将求得的 $k$ 和 $b$ 值代入直线方程，就可得到最佳经验公式：

$$y=kx+b$$

上面介绍的用最小二乘原理求经验公式中常数 $k$ 和 $b$ 的方法，是一种直线拟合法，它在科学实验中应用广泛。必须指出的是，实验中只有当 $x$ 和 $y$ 之间存在线性关系时，拟合的直线才有意义。为了检验所得结果是否合理，在待定常数确定后，还要与相关系数 $r$ 进行比较，才能确定所拟合的直线是否有意义。对于一元线性回归，$r$ 定义为

$$r=\frac{\overline{xy}-\overline{x}\cdot\overline{y}}{\sqrt{(\overline{x}^2-\overline{x^2})(\overline{y}^2-\overline{y^2})}} \tag{1-4-9}$$

可以证明，$|r|$值总是在 0 与 1 之间。$r$ 值越接近 1，说明实验数据点越能密集分布在求得的直线的近旁，用线性函数进行回归（拟合）比较合理，相反，如果$|r|$的值远小于 1 而接近 0，说明实验点对所求得的直线来说很分散，用线性函数回归不合适，$x$ 和 $y$ 完全不相关，必须用其他函数重新试探。

非线性回归是一个很复杂的问题，并无一定的解法，但通常遇到的非线性问题多能够简化为线性问题，仍可用线性回归方法处理。

例如，已知函数形式为指数函数 $y=c_1e^{c_2x}$（式中：$c_1$和 $c_2$ 为常数）。等式两边取对数可得

$$\ln y=\ln c_1+c_2x$$

令 $\ln y=z$，$\ln c_1=b$，$\ln c_2=k$，即得直线方程

$$z=kx+b$$

这样便可把指数函数的非线性回归问题变为一元线性回归问题。

**【习　题】**

1. 指出下列各量是几位有效数字：

（1）$L=0.000\ 03$ cm；　　（2）$t=3.060\ 1$ s；

（3）$A=3.6\times10^9$ J；　　（4）$g=980.736\ 90$ cm/s$^2$

2. 根据测量不确定度和有效数字的概念，改正以下测量结果表达式，写出正确答案。

（1）$D=30.369\pm0.3$ cm；　　（2）$E=5.963\pm0.02$ V；

（3）$L=60.86\pm0.200$ mm；　　（4）$G=73\ 690\pm300$ kg；

（5）$R = 12\,345.6 \pm 4 \times 10\ \Omega$；（6）$I = 5.354 \times 10^4 \pm 0.045 \times 10^3$ mA

3. 换算下列各测量值的单位：

（1）3.6 cm =（　　　）m =（　　　）mm；

（2）90.70 g =（　　　）kg =（　　　）mg；

（3）6.30 mA =（　　　）A =（　　　）μA；

（4）$L = 3.69 \pm 0.03$ cm =（　　　）mm

4. 用一级螺旋测微计（$\Delta_{仪} = 0.004$ mm）测量一钢球直径为 3.985 mm、3.984 mm、3.986 mm、3.986 mm、3.985 mm、3.987 mm，3.984 mm、3.986 mm。求钢球的直径和不确定度，并写出测量结果的完整表达式。

5. 实验测得小球的直径 $d = (3.00 \pm 0.02)$ cm，质量 $m = (182.36 \pm 0.05)$ g，求小球的密度 $\rho$，通过计算不确定度，写出结果的完整表示式。

# 第二章 力学与热学实验

操作视频

## 实验一 长度的测量

长度是基本物理量，各种各样的物理测量仪器外观虽然不同，但其标度大都是按照一定的长度来划分的。用温度计测量温度，就是确定水银柱面在温度标尺上的位置；测量电流或电压，就是确定指针在电流表或电压标尺上的位置……总之，科学实验中的测量大多数可以归结为长度的测量，由此可见长度的测量是一切测量的基础，是基本的物理测量之一。

测量长度的量具，常用而又较简单的有米尺，游标卡尺和螺旋测微计。这三种量具测量长度的范围的准确度各不相同，需视测量的对象和条件加以选用。当长度在 $10^{-3}$ cm 以下时，需用更精密的长度测量仪器（如比长仪）或采用其他的方法（如利用光的干涉或衍射等）来测量。

### 【实验目的】

（1）理解游标类测量器具的原理，学会正确使用游标卡尺。

（2）理解螺旋测微原理，学会正确使用螺旋测微计。

（3）进一步熟悉有效数字的运算和不确定度的计算。

### 【实验仪器与材料】

米尺、游标卡尺、螺旋测微计、被测物体。

### 【实验原理】

#### 1. 米　尺

在粗略的测量中，可以用木尺、布尺或塑料尺，如果要进行较精确的测量则需要用金属尺。通常选用温度系数小的材料（如不锈钢、殷刚等）来制作米尺，米尺的分度值为 1 mm，即一个小分格的长度是 1 mm，用米尺测量长度时，可以准确到毫米这一位，毫米以下的一位，则要靠目测估读，即测量时应估读到 0.1 mm。例如，用米尺测量一个物体的长度 $L$，如图 2-1-1（a）。A 点位置的读数是 95.0 mm，B 点位置的读数是 126.3 mm，则 $L = 126.3 - 95.0 = 31.3$ mm，毫米以下的一位读数（95.0 中的“0”和 126.3 中的“3”）是估读的数，在这一位上存在着误差。

用米尺测量时，应注意以下几点：

（1）为了尽量减小视差，测量时应使待测物与米尺的刻度线紧贴，如图 2-1-1（a）所示，避免刻度线与待测物偏离；读数时视线要与刻度尺垂直，如图 2-1-1（b）所示。

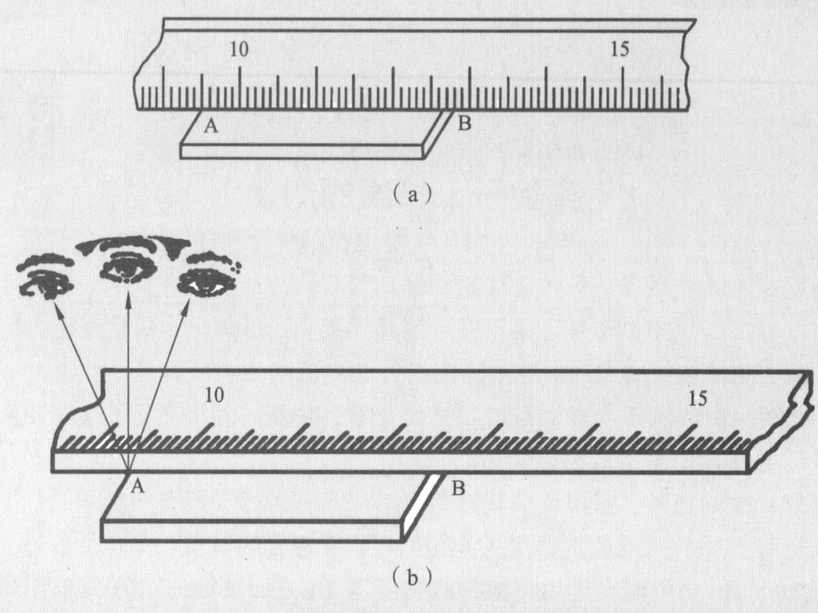


图 2-1-1　米尺的读数

（2）如果米尺的刻度从尺子的端边开始时，不要用米尺的端边作为测量的起点，以免由于米尺端边的磨损从而对测量结果引入系统误差。

（3）为避免米尺刻度不均匀带来的误差，测量时应选取米尺不同的地点进行多次测量，然后取平均值。

（4）对于钢直尺用后应擦净，以防生锈，并保持平放或挂起状态；对于卷尺，向外拉尺时不要用力过猛，用完后要缓慢退尺，注意尺带只能卷，不能折。

2．游标卡尺

用米尺测量物体的长度时，米尺的最小分度值为 1 mm，在测量微小长度或精度要求较高的情况下，米尺不能满足测量要求，需要采用精度更高的器具，游标卡尺是常用的测量仪器之一，它可以测量物体的长度、高度、深度、圆环的内径和外径等。

游标卡尺是采用了游标原理制成的，通过在米尺上附加一个可滑动的、刻有若干分度的副尺（称为游标），可以把米尺的毫米以下那一位准确地读出来，它是比米尺精密的一种测长仪器，其分度值有 0.1 mm、0.05 mm 和 0.02 mm 几种规格，其测量的准确性至少可达 0.1 mm。

（1）游标卡尺的结构。

游标卡尺的结构如图 2-1-2 所示，主要由主尺和游标两部分组成。卡尺的主尺 D 是一根钢制的毫米分度尺，主尺上有钳口 A 和刀口 A′。尺上套有一个滑框，其上装有钳口 B、刀口 B′和尾尺 C，滑框上刻有游标 E。钳口 A 和 B 构成外量爪（也叫外卡），可以测量直径、长度和高度等；刀口 A′和 B′内量爪（也叫内卡），可以测量内径；尾尺 C 可以测量深度；螺钉 F 用于固定游标。

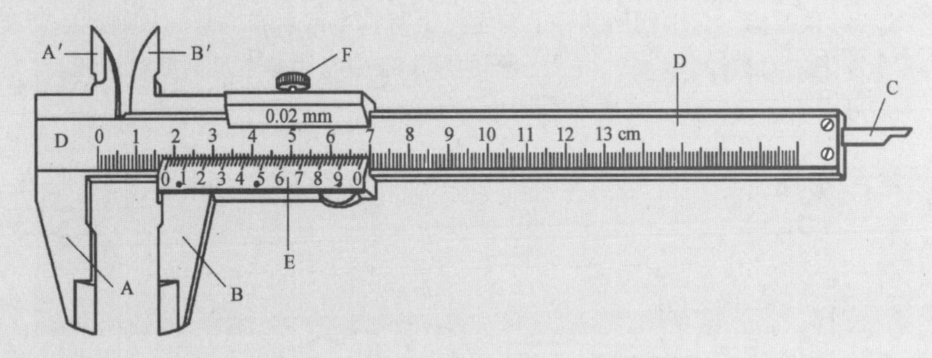


图 2-1-2　游标卡尺

（2）游标卡尺的分度原理。

普通游标卡尺的分度法是：游标上的全部 $n$ 个分度的总长度等于主尺上（$n-1$）个分度的长度。如果用 $a$ 表示主尺上最小分度的长度，用 $n$ 表示游标的分度数，并且取 $n$ 个游标分度与主尺（$n-1$）个最小分度的总长相等，则游标最小分度的长度 $b$ 为：

$$b=(n-1)a/n \tag{2-1-1}$$

主尺上最小分度与游标分度的长度之差称为游标卡尺的分度值，也就是游标卡尺的精度，用 $\Delta x$ 表示：

$$\Delta x=a-b=a-(n-1)a/n=a/n \tag{2-1-2}$$

在 $a$ 一定的情况下（$a=1$ mm），游标的分度数 $n$ 越大，游标卡尺的分度值 $\Delta x$ 就越小，游标卡尺的精度也就越高。国家标准规定，游标卡尺的分度值 $\Delta x$ 有 0.1 mm、0.05 mm 和 0.02 mm 三种，习惯上分别称为“十分游标卡尺”“二十分游标卡尺”和“五十分游标卡尺”。由于仪器和视觉分辨能力的限制，游标卡尺的分度值最小为 0.02 mm，如果再小，就分辨不清哪两条线对准，反而影响读数。实验室常用的是五十分度的游标卡尺，即游标 50 个分格的总长度为 49 mm，其最小分度值 $\Delta x=0.02$ mm 。五十分游标卡尺的游标分度如图 2-1-3 所示。

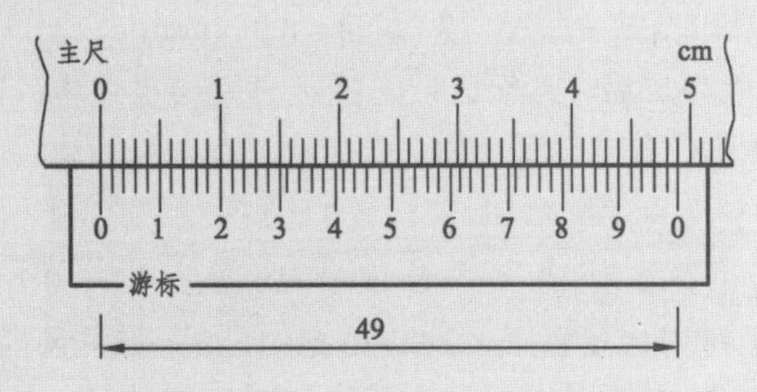


图 2-1-3　游标卡尺的原理

（3）游标卡尺的读数方法（先读主尺、后读游标）。

如图 2-1-4 所示，游标卡尺的读数分两步。

① 先读主尺：读出游标左端“0”刻度线的位置在主尺上对应的整数部分 $x_0$（以毫米为单位）。

② 后读游标：仔细找出游标上与主尺上某刻度线对齐的那一根刻度线，读出毫米以下的小数部分 $k\cdot\Delta x$，$k$ 是游标的第 $k$ 条刻度线与主尺刻度线对齐。

最后得到测量值用公式表示为：

$$测量值\ x = 主尺读数（整数部分）x_0 + 游标读数（小数部分）k\cdot\Delta x \tag{2-1-3}$$

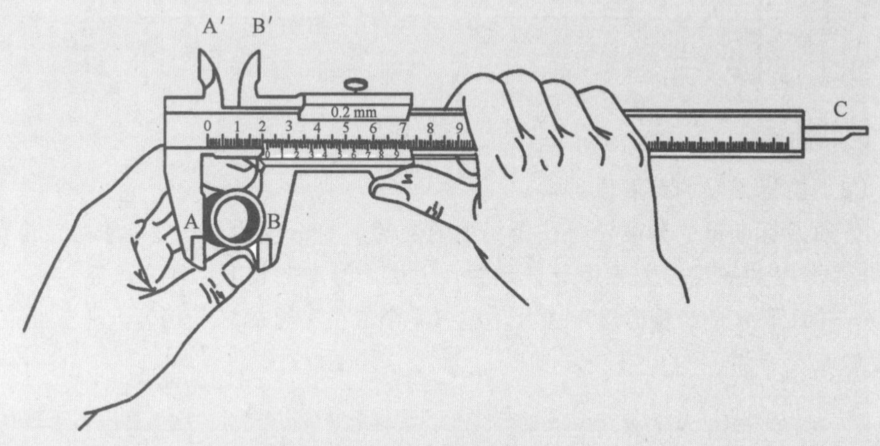


图 2-1-4　游标卡尺的读数方法

例如：用五十分度游标卡尺测量一个物体的长度，如图 2-1-5 所示，读数方法是：

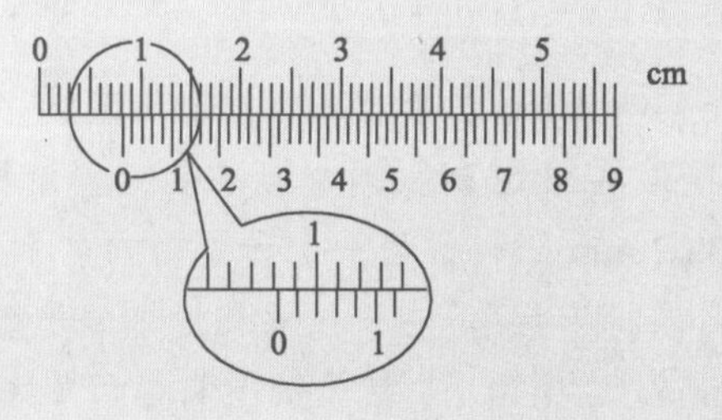


图 2-1-5　游标卡尺局部图

主尺读数（整数部分）$x_0 = 8\ \text{mm}$，游标读数（小数部分）$k\cdot\Delta x = 2\times0.02 = 0.04\ (\text{mm})$，得测量值 $x = x_0 + k\cdot\Delta x = 8 + 0.04 = 8.04\ (\text{mm})$。

在熟练掌握读数方法后，实际记录时就不必写出上述中间过程，而应直接写出或读出测量结果。

（4）使用游标卡尺的注意事项。

① 使用前先明确游标卡尺的分度值 $\Delta x$ 是多少（0.1 mm、0.05 mm 和 0.02 mm 三种），测量前合拢量爪，检查游标的“0”与主尺的“0”刻度线是否重合，若不重合，应记下零点读数，以便修正测量读数。

② 游标卡尺是常用的精密量具，测量中不要弄伤刀口和钳口。

③ 使用完后，应立即放回盒内，保持干燥，避免腐蚀，延长使用的期限。

3．螺旋测微计（外径千分尺）

螺旋测微计是比游标卡尺更精密的长度测量仪器，在实验室中常用它来测量小球的直径、金属丝的直径和薄板的厚度等，其分度值是 0.01 mm，即精度达到 0.01 mm，并可估读到 1/1 000 mm，故又称为千分尺。

（1）螺旋测微计的结构和原理。

螺旋测微计的结构如图 2-1-6 所示，其测微原理是机械放大法。螺旋测微计主要由两部分组成，其中尺架、测砧和套在测微螺杆上的主尺构成了螺旋测微计的固定部分。主尺的中心线上下方各有一排刻线，每排刻线的间距为 1 mm，但上下两排刻线彼此错开 0.5 mm。另外一部分是活动部分，它包括的测微螺杆、微分筒和尾部的棘轮。转动棘轮可带动微分筒转动，从而使测微螺杆沿轴线方向前进或后退。当待测物被卡住时，若继续转动棘轮，测微螺杆将不再前进，起到保护作用，并发出“咔咔”的声音，意味着测砧、待测物和测微螺杆间已经接触合适。微分筒的圆周被分成 50 等分，它的螺距为 0.5 mm，即当微分筒相对螺母套管转过一圈时，测微螺杆就会在螺母套管内沿轴线方向前进或后退 0.5 mm。同理，当微分筒转过一个分度时，测微螺杆就会前进或后退 0.01 mm。因此，从微分筒转过的刻度就可以精确地读出测微螺杆沿轴线移动的微小距离。

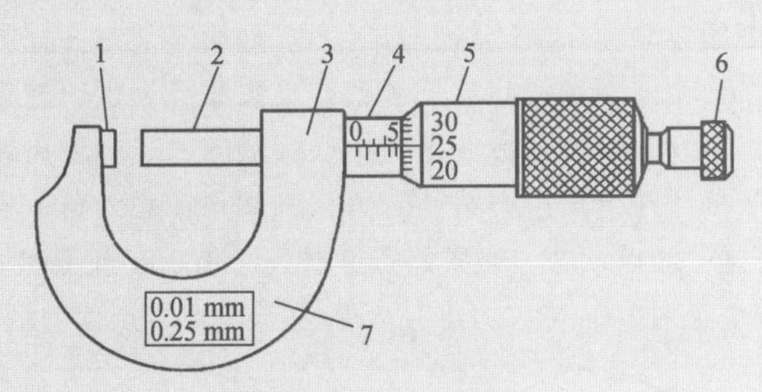


1—测砧；2—螺旋测微计杆；3—锁紧装置；4—主尺；
5—微分筒；6—棘轮；7—尺架。

图 2-1-6 螺旋测微计

（2）螺旋测微计的使用方法。

测量物体长度时，应先转动微分筒将测微螺杆向后退开，把待测物体放在测砧与测微螺杆之间，然后轻轻转动棘轮，使测微螺杆、测砧的测量面刚好与待测物体接触（即听到“咔咔”声音），这时就可以开始读数，读数分为两部分。

① 先根据微分筒边缘线在主尺上对应位置处的刻度线，从主尺上读出毫米与半毫米的读数，即 $x_0$ 的读数。

② 再根据主尺中心线在微分筒圆周上的刻度，从微分筒上读出 0.5 mm 以下的部分，估读到 0.001 mm 这一位上（千分之一毫米），即 $\Delta x$ 的读数。

最后得到测量值用公式表示：

$$测量值\ x = 主尺读数\ x_0 + 微分筒读数\ \Delta x \quad（小数点右边第三位是估读数字） \tag{2-1-4}$$

在熟练掌握读数方法后，实际记录时就不必写出上述中间过程，而应直接写出或读出测量结果。

在读数时，应注意微分筒圆周边缘的位置是否超过主尺上 0.5 mm 刻线，如图 2-1-7 所示，图 2-1-7（a）读数是 5.155 mm（没有超过主尺中心线下方的 0.5 mm 刻线），图 2-1-7（b）读数是 5.655 mm（已超过主尺中心线下方的 0.5 mm 刻线）。

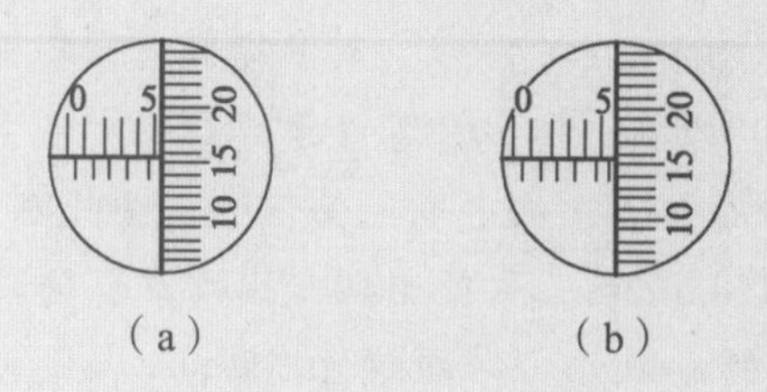


图 2-1-7　微分套筒读数

（3）使用螺旋测微计的注意事项。

螺旋测微计是精密仪器，使用时必须注意以下几点：

① 测量前应检查零点读数。螺旋测微计在多次使用后容易产生零点误差（系统误差），测量前必须先进行零点读数。即，先转动棘轮，让测砧与测微螺杆逐渐靠近，当听到“咔咔”声音时，表明测微螺杆和测砧已经直接接触。此时，微分筒上的“0”刻线应与主尺中心线正好对齐。如果不能对齐，就应记下零点读数（也称为零差），实际测量值就等于读数值减去零点读数。注意零点读数有正有负，如果微分筒上的“0”刻线在主尺中心线的下方，则零点读数为正，如果微分筒上的“0”刻线在主尺中心线的上方，则零点读数为负，进行测量时，测出的读数应减去这一零点读数，如果零点读数是负值，在测量时同样要减去（实际上就是加上这个绝对值）。图 2-1-8 所示是表示两个零点读数的例子。

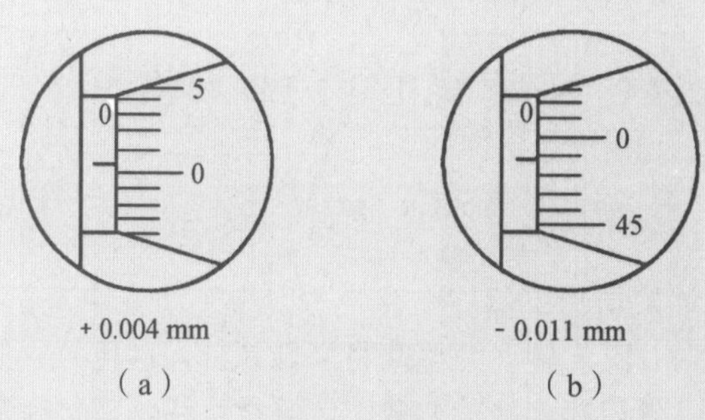


图 2-1-8　螺旋测微计零点读数

② 测砧、测微螺杆和被测物体间的接触压力应当微小，以免使测量压力过大而产生误差，甚至损坏螺旋测微计。因此，旋转微分筒时，必须利用棘轮带动微分筒前进，直至听到“咔咔”响声为止。

③ 测量完毕后，应将螺旋测微计放入盒内，注意要使测砧与测微螺杆间保持一定的间隙，以避免因热膨胀而损坏螺纹或造成螺杆卡死而无法旋出。

【预习思考题】

（1）预习常用的长度单位间的换算关系。

1 千米（km）=　　米（m）；　1 厘米（cm）=　　米（m）；

1 毫米（mm）=　　米（m）；　1 微米（μm）=　　米（m）；

1 纳米（nm）=　　米（m）；　1 埃（Å）=　　米（m）

（2）掌握游标卡尺和螺旋测微计的读数原理和使用方法。

（3）复习有效数字的运算和不确定度的计算。

**【实验内容与步骤】**

（1）练习用米尺测量教材的长度和宽度，注意毫米以下的要估读一位。

（2）用游标卡尺测量圆柱体的体积 $V$。

测量前检查游标卡尺，如果有零点读数，必须记下零点读数，最终测量值等于读数值减去零点读数。

① 用游标卡尺测量圆柱体的高度 $H$，并计算出 $H$ 的不确定度。

取不同部位，对圆柱体的高度 $H$ 测量 6 次，计算出高度 $H$ 的平均值 $\bar{H}$，填入表格 2-1-1，并计算 $H$ 的 A 类不确定度分量 $U_{A(H)}=\sqrt{\dfrac{\sum(H_i-\bar{H})^2}{6-1}}$、B 类不确定度 $U_{B(H)}$ 和合成不确定度 $U_{C(H)}=\sqrt{U_{A(H)}^2+U_{B(H)}^2}$，将结果表示为 $H=\bar{H}\pm U_{C(H)}$（mm）。

② 用游标卡尺测量圆柱体的外径 $D$，并计算出 $D$ 的不确定度。

取不同部位，对圆柱体的外径 $D$ 测量 6 次，计算出外径 $D$ 的平均值 $\bar{D}$，填入表格 2-1-1，并计算外径 $D$ 的 A 类不确定度分量 $U_{A(D)}=\sqrt{\dfrac{\sum(D_i-\bar{D})^2}{6-1}}$、B 类不确定度 $U_{B(D)}$ 和合成不确定度 $U_{C(D)}=\sqrt{U_{A(D)}^2+U_{B(D)}^2}$，将结果表示为 $D=\bar{D}\pm U_{C(D)}$（mm）。

注：对于五十分度游标卡尺，示值误差 $\Delta_{仪}$ 取 0.02 mm，即 $U_{B(H)}=U_{B(D)}=\Delta_{仪}=0.02$ mm。

③ 计算圆柱体的体积 $V$ 和合成不确定度 $U_V$，写出测量结果的表示式。

$$\bar{V}=\frac{\pi}{4}\bar{D}^2\cdot\bar{H}=\_\_\_\_\_\ (\mathrm{cm}^3);\quad U_V=\sqrt{\left(\frac{\pi}{2}\bar{H}\,\bar{D}\right)^2\cdot U_{C(D)}^2+\left(\frac{\pi}{4}\bar{D}\right)^2\cdot U_{C(H)}^2}=\_\_\_\_\_\ (\mathrm{cm}^3)$$

将测量结果表示为 $V=\bar{V}\pm U_V=$ ____________（$\mathrm{cm}^3$）

（3）用螺旋测微计测量小球的直径 $d$。

① 测量前，记录螺旋测微计的零点读数（零差）$d_0$，填入表格 2-1-2 中。注意零点读数 $d_0$ 有正有负。测量时，螺旋测微计的读数减去零点读数，即得到测量的实际值。

② 测量小球的直径 $d$ 和不确定度。

取小球的不同部位，对小球的直径 $d$ 测量 6 次，计算小球直径的平均值 $\bar{d}$，填入表格 2-1-2，并计算小球直径 $d$ 的 A 类不确定度分量 $U_{A(d)}=\sqrt{\dfrac{\sum(d_i-\bar{d})^2}{6-1}}$、B

类不确定度$U_{B(d)}$和合成不确定度$U_{C(d)}=\sqrt{U_{A(d)}^2+U_{B(d)}^2}$，将结果表示为小球的直径$d=\bar{d}\pm U_{C(d)}$（mm）。

注：对于测量范围 0~25 mm 的螺旋测微计，示值误差$\varDelta_{仪}$取 0.004 mm，即$U_{B(d)}=\varDelta_{仪}=0.004$ mm。

【数据记录与处理】

（1）用游标卡尺测出圆柱体的高度$H$和外径$D$，填入表 2-1-1，按公式计算出圆柱体的体积$V$和不确定度$U_V$。

表 2-1-1　用游标卡尺测圆柱体的体积数据记录

示值误差：$\varDelta_{仪}$ =_____ mm；零点读数：_______ mm

| 被测量 /mm | 1 | 2 | 3 | 4 | 5 | 6 |
|---|---|---|---|---|---|---|
| 高度 $H$ | | | | | | |
| 平均值 $\bar{H}$ | | | | | | |
| 外径 $D$ | | | | | | |
| 平均值 $\bar{D}$ | | | | | | |

注：对于五十分度游标卡尺，示值误差$\varDelta_{仪}$取 0.02 mm。

$H$的 A 类不确定度分量$U_{A(H)}=\sqrt{\frac{\sum(H_i-\bar{H})^2}{6-1}}$ =_____（mm）；$H$的 B 类不确定度分量$U_{B(H)}$ =____（mm）

$D$的 A 类不确定度分量$U_{A(D)}=\sqrt{\frac{\sum(D_i-\bar{D})^2}{6-1}}$ = _____（mm）；$D$的 B 类不确定度分量 $U_{B(D)}$ = ____（mm）

$H$的合成不确定度$U_{C(H)}=\sqrt{U_{A(H)}^2+U_{B(H)}^2}$ = _____ （mm）；$D$的合成不确定度$U_{C(D)}=\sqrt{U_{A(D)}^2+U_{B(D)}^2}$ =_____ （mm）；

高$H=\bar{H}\pm U_{C(H)}$ =__________（mm）；外径$D=\bar{D}\pm U_{C(D)}$ =__________（mm）；

间接测量结果圆柱的体积$V$的计算及合成不确定度的确定：

$$\bar{V}=\frac{\pi}{4}\bar{D}^2\cdot\bar{H} = \_\_\_\_\_\_(\text{cm}^3);\ U_V=\sqrt{\left(\frac{\pi}{2}\bar{H}\,\bar{D}\right)^2\cdot U_{C(D)}^2+\left(\frac{\pi}{4}\bar{D}\right)^2\cdot U_{C(H)}^2} = \_\_\_\_\_\_(\text{cm}^3)$$

实验测量结果记为

$$V=\bar{V}\pm U_V = \_\_\_\_\_\_\_\_\_\_\_\_\_\_\_\_(\text{cm}^3)$$

（2）用螺旋测微计测出小球的直径 $d$ 和不确定度 $U_d$。

读出螺旋测微计的零点读数 $d_0$，填入表格 2-1-2。

表 2-1-2　用螺旋测微计测小球的直径数据记录

零点读数：$d_0$ =________mm；示值误差：$\Delta_{仪}$ =________mm

| 被测量/mm | 1 | 2 | 3 | 4 | 5 | 6 |
|---|---|---|---|---|---|---|
| 小球直径读数值 $d'$ | | | | | | |
| 实际值 $d = d' - d_0$ | | | | | | |
| 平均值 $\bar{d}$ | | | | | | |

注：对于测量范围 0～25 mm 的螺旋测微计，示值误差 $\Delta_{仪}$ 取 0.004 mm。

$d$ 的 A 类不确定度分量 $U_{A(d)} = \sqrt{\dfrac{\sum (d_i - \bar{d})^2}{6-1}}$ =____________（mm）

$d$ 的 B 类不确定度分量 $U_{B(d)} = \Delta_{仪}$，$U_{B(d)}$ =____________（mm）

合成不确定度 $U_{C(\bar{d})} = \sqrt{U_{A(d)}^2 + U_{B(d)}^2}$ =____________（mm）

实验结果记为

小球的直径 $d = \bar{d} \pm U_{C(d)}$ =____________（mm）

【问题讨论】

（1）在长度测量中，对有效数字的取法有何要求？

（2）螺旋测微计的棘轮不用可以吗？

（3）一个物体的长度约 2 cm，如果用米尺、游标卡尺和螺旋测微计分别测量，分别能读出几位有效数字？

（4）怎样测量圆柱体或小球的密度？

【附录】角游标

游标的原理还可以应用于角度的精密测量，它是将主刻度尺和游标制作成圆弧形，这种游标称为角游标，光学仪器分光计就是采用的角游标。如图 2-1-9 所示，主尺上最小分刻度 $\theta$ 为 0.5°，即 30′。游标上刻有 $n$ 个分刻度线（一般为 30 个分刻度），其总弧长与主尺上（$n-1$）个分刻度的弧长相等，则 $nR\beta = (n-1)R\theta$，$\beta$ 为游标的最小分度，$R$ 为圆刻度盘的半径。因此，游标的精度 $= \theta - \beta = \theta / n$。角游标有两种分度方式，一种是以 10 进制为基础，如果游标的分度值制成 1°的 1/20，则测角精度为 0.05°，如光学实验中使用的旋光仪；另一种是以 60 进制为基础，如分光计的读数盘就是将游标的分度值制成 0.5° 的 1/30，即测角精度为 1′。角游标的读数方法与游标卡尺的读数方法相同。

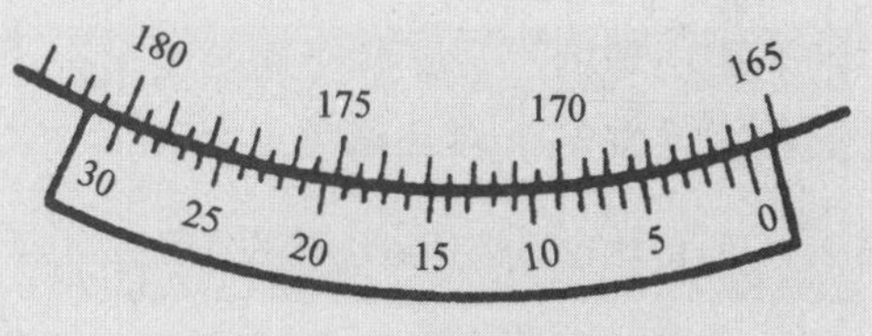


图 2-1-9　角游标读数原理

操作视频

# 实验二　导轨上的实验

研究物体运动时，为了减小或消除运动物体所受的摩擦力，常采用气垫导轨或磁悬浮导轨装置，被研究的物体在导轨上滑动时可视为做无摩擦的运动，从而可以在导轨上进行许多力学实验。如测定速度、加速度，验证牛顿第二定律或动量守恒定律，研究简谐振动等。

导轨由轨道（气垫轨道或磁悬浮轨道）、滑块、光电计时系统组成，对于气垫导轨，还有一个提供气源的气泵。

## （一）测定匀变速直线运动的速度和加速度

### 【实验目的】

（1）掌握导轨的调整和使用。

（2）利用导轨测定速度和加速度。

（3）验证牛顿第二定律。

### 【实验仪器与材料】

导轨仪器全套（含光电计时系统）、气泵、滑块、物理天平、砝码、弹簧、尼龙搭扣、米尺。

### 【实验原理】

1．速度的测定

当质点所受的合力为零时，质点保持静止或者做匀加速直线运动。一个自由地飘浮在水平安置的平直导轨上的滑块，它所受的合力为零，因此，滑块在导轨上可以静止，或以一定速度做匀速直线运动。

在滑块上装一窄的遮光板，当滑块经过设在某位置上的光电门时，遮光板将遮住照在光电元件上的光。因为遮光板的宽度是一定的，遮光时间的长短与物体通过光电门的速度成反比。通过测出遮光板的宽度 $\Delta x$ 和遮光时间 $\Delta t$，根据平均速度公式，就可以算出滑块通过光电门的平均速度，即

$$\overline{v}=\frac{\Delta x}{\Delta t} \tag{2-2-1}$$

由于 $\Delta x$ 比较小，在 $\Delta x$ 范围内滑块的速度变化较小，故可以平均速度把看成是滑块经过光电门的瞬时速度。

显然，如果滑块做匀速直线运动，则瞬时速度与平均速度处处相等，而且滑块通过设在导轨上任一位置的光电门时，毫秒计上显示的时间均相同。

2．加速度的测定

若放在导轨上的滑块在水平方向受一恒力作用，则它将作匀加速度直线运动。在导轨中间选一段距离 $s$，并在 $s$ 两端设置两个光电门，测出滑块通过 $s$ 两端的始末速度 $v_1$ 和 $v_2$，则滑块的加速度

$$a=\frac{v_2^2-v_1^2}{2s} \tag{2-2-2}$$

3．验证牛顿第二定律

如图 2-2-1 所示，导轨调平后，若滑块的质量为 $m_1$，砝码盘与盘中砝码质量为 $m_2$，绳子张力为 $T$，则有

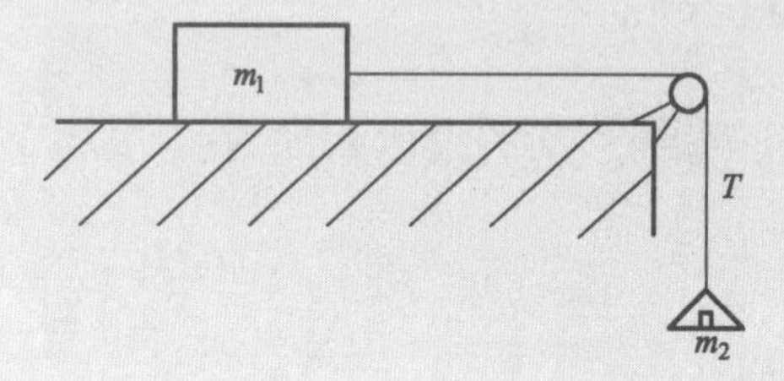


图 2-2-1　验证牛顿第二定律

$$\begin{cases} m_2g-T=m_2a \\ T=m_1a \end{cases} \tag{2-2-3}$$

得 $F=m_2g=(m_1+m_2)a$，令 $M=m_1+m_2$，则有

$$F=Ma \tag{2-2-4}$$

加速度 $a$ 的数值由式（2-2-2）求得。作用力 $F$ 越大时，滑块的加速度 $a$ 也越大，且 $F/a$ 为一常量。由此可以验证，当物体的质量一定时，物体的加速度与其所受到的合外力成正比；当物体所受到的合外力不变，则物体运动加速度与其质量成反比。

【预习思考题】

（1）在验证牛顿第二定律时，如果未能将导轨充分调水平，对实验有何影响？

（2）在调节导轨水平时，依据什么来判定导轨已经调平？

（3）滑块挡光片应怎样安装才能使测量结果更准确？

【实验内容与步骤】

实验之前，应先将导轨调至水平。调平方法有：静态调平（把滑块放在通气气垫轨道上或磁悬浮轨道上，调节轨道支脚螺钉，直至轨道上的滑块保持不动或轻微移动，但无明显定向移动，即认为导轨已调平）；动态调平（如果要求更高精度，还必须细调水平。让滑块以一初速度在轨道上运动，观察滑块先后经过两个光电门的时间相差在 5% 以内，则认为导轨已调平）。

1．观察匀速成直线运动——测量速度

（1）观察滑块在已调平导轨上的匀速直线运动，练习从数字计时器读取滑块先后通过两个光电门的时间 $\Delta t_1$ 和 $\Delta t_2$。

（2）轻轻推动滑块，分别记下滑块遮光板先后经过两个光电门时数字计时器显示的时间 $\Delta t_1$ 和 $\Delta t_2$。用游标卡尺量出遮光板的宽度 $\Delta x$，根据式（2-2-1）计算出速度 $v_1$ 和 $v_2$，并填入表 2-2-1。试比较 $v_1$ 和 $v_2$ 的数值，如果相差较大，则分析其原因。

（3）增大初始推力推动滑块，重复步骤（2）。计算出滑块经过两个光电门时速度的差值，它比步骤（2）中测的速度是大些还是小些？

2．加速度的测定

利用图 2-2-1 装置，让滑块在合外力 $F$ 的作用下从静止开始，做匀加速直线运动，分别选定两个光电门之间的距离为 50 cm 和 70 cm，依次测量滑块经过两个光电门的时间 $\Delta t_1$ 和 $\Delta t_2$，根据式（2-2-1）和（2-2-2）测算出速度 $v_1$、$v_2$ 和加速度 $a$，填入表 2-2-2 中，验证滑块是否做匀加速直线运动。

3．验证牛顿第二定律

（1）利用图 2-2-1 装置，把滑块放置在轨道上，并在滑块上加两个砝码，每个砝码质量为 $m$，将滑块移至远离滑轮的导轨一端，让滑块从静止开始作匀加速直线运动，记录滑块先后通过两个光电门的时间 $\Delta t_1$ 和 $\Delta t_2$，根据式（2-2-1）和（2-2-2）测算出速度 $v_1$、$v_2$ 和加速度 $a$，将数据填入表格 2-2-3。

再分两次，将滑块上的两个砝码移至砝码盘中，重复步骤（1）。将测量结果填入表 2-2-3。验证物体质量不变时，物体的加速度与所受合外力成正比。

（2）利用同一装置，保持砝码盘与砝码的总质量不变，改变滑块的质量，重复步骤（1），算出质量不同的滑块的加速度。将测量结果填入表中，验证当物体所受到的外力不变时，其加速度与自身的质量成反比。将数据填入表 2-2-4。

## 【数据记录与处理】

1．匀速直线运动的速度测定

表 2-2-1　观察匀速直线运动数据记录

遮光板宽度 $\Delta x$ = ________cm

| 滑块向左方向运动 | | | | | 滑块向右方向运动 | | | | |
|---|---|---|---|---|---|---|---|---|---|
| $\Delta t_1$ /ms | $\Delta t_2$ /ms | $v_1$ /(cm/s) | $v_2$ /(cm/s) | $v_2-v_1$ /(cm/s) | $\Delta t_1$ /ms | $\Delta t_2$ /ms | $v_1$ /(cm/s) | $v_2$ /(cm/s) | $v_2-v_1$ /(cm/s) |
| | | | | | | | | | |
| | | | | | | | | | |

2．加速度的测定

表 2-2-2　加速度的测定数据记录

遮光板宽度 $\Delta x=$_______cm，$M=m_1+m_2=$_______g，$a_{计}=\dfrac{m_2 g}{m_1+m_2}=$_______$\mathrm{cm/s^2}$

| 次数 | $S_1=50$ cm | | | | | $S=70$ cm | | | | |
|---|---|---|---|---|---|---|---|---|---|---|
| | $\Delta t_1$ /ms | $\Delta t_2$ /ms | $v_1$ /(cm/s) | $v_2$ /(cm/s) | $(v_2^2-v_1^2)/2s$ /(cm/s$^2$) | $\Delta t_1$ /ms | $\Delta t_2$ /ms | $v_1$ /(cm/s) | $v_2$ /(cm/s) | $(v_2^2-v_1^2)/2s$ /(cm/s$^2$) |
| 1 | | | | | | | | | | |
| 2 | | | | | | | | | | |

3．验证牛顿第二定律

（1）验证质量 $M$ 不变，加速度 $a$ 与合外力 $F$ 成正比。

表 2-2-3　验证加速度与合外力关系数据记录

遮光板宽度 $\Delta x=$_______cm，$s=$_______cm，$m_0$（配重块）=_______g，

$M=m_1+m_2+2m_0=$_______g

| 次数 | $m_2=$_______g | | | | | $m_2+m_0=$_______g | | | | | $m_2+2m_0=$_______g | | | | |
|---|---|---|---|---|---|---|---|---|---|---|---|---|---|---|---|
| | $\Delta t_1$ /ms | $\Delta t_2$ /ms | $v_1$ /(cm/s) | $v_2$ /(cm/s) | $a_1$ /(cm/s$^2$) | $\Delta t_1$ /ms | $\Delta t_2$ /ms | $v_1$ /(cm/s) | $v_2$ /(cm/s) | $a_2$ /(cm/s$^2$) | $\Delta t_1$ /ms | $\Delta t_2$ /ms | $v_1$ /(cm/s) | $v_2$ /(cm/s) | $a_3$ /(cm/s$^2$) |
| 1 | | | | | | | | | | | | | | | |
| 2 | | | | | | | | | | | | | | | |

（2）验证合外力 $F$ 不变，加速度 $a$ 与质量 $M$ 成反比。

表 2-2-4　验证加速度与质量关系数据记录

遮光板宽度 $\Delta x=$_______cm，$s=$_______cm，$m_2=$_______g，$m_0$（配重块）=_______g

| 次数 | $M_1=m_1+m_2=$_______g | | | | | $M_2=m_1+m_2+m_0=$_______g | | | | | $M_3=m_1+m_2+2m_0=$_______g | | | | |
|---|---|---|---|---|---|---|---|---|---|---|---|---|---|---|---|
| | $\Delta t_1$ /ms | $\Delta t_2$ /ms | $v_1$ /(cm/s) | $v_2$ /(cm/s) | $a_1$ /(cm/s$^2$) | $\Delta t_1$ /ms | $\Delta t_2$ /ms | $v_1$ /(cm/s) | $v_2$ /(cm/s) | $a_2$ /(cm/s$^2$) | $\Delta t_1$ /ms | $\Delta t_2$ /ms | $v_1$ /(cm/s) | $v_2$ /(cm/s) | $a_3$ /(cm/s$^2$) |
| 1 | | | | | | | | | | | | | | | |
| 2 | | | | | | | | | | | | | | | |

【问题讨论】

（1）式（2-2-4）中的质量 $M$ 是哪几个物体的质量？作用在质量 $M$ 上的作用力 $F$ 是什么力？怎样保证质量不变？

（2）在验证物体的质量不变、物体的加速度与外力成正比时，为什么把实验过程中用的砝码放在滑块上？

（3）比较实验所得的 $a$-$F$ 图与理论值？如果不同，请分析原因。

## （二）验证动量守恒定律

【实验目的】

（1）验证动量守恒定律。

（2）掌握弹性碰撞和完全非弹性碰撞的特点。

【实验原理】

在调平导轨上，两个滑块作为一个系统，如所受合外力为零，则系统的总动量保持不变。本实验研究两个滑块在水平导轨上沿直线发生的碰撞，由于滑块悬浮在轨道上，滑块受到的摩擦力可以忽略不计。这样，当发生碰撞时，系统仅受内力的相互作用，而在水平方向上不受外力作用。故系统的总动量守恒。

设在导轨上运动的两个滑块的质量分别为 $m_1$ 和 $m_2$，它们碰撞前的速度分别为 $v_{10}$ 和 $v_{20}$，碰撞后的速度分别为 $v_1$ 和 $v_2$，由动量守恒定律有

$$m_1v_{10}+m_2v_{20}=m_1v_1+m_2v_2 \tag{2-2-5}$$

通过测量两个滑块的质量和碰撞前后的速度，即可验证碰撞过程中该系统动量是否守恒。

1．弹性碰撞

弹性碰撞的特点是碰撞前后系统的动量守恒，机械能也守恒。实验前，在两个滑块的相碰端装上缓冲弹簧，则它们在轨道上相碰时，可视作弹性碰撞。此时，系统的动量守恒，两个滑块碰撞前后的总动能也保持不变，即

$$\frac{1}{2}m_1v_{10}^2+\frac{1}{2}m_2v_{20}^2=\frac{1}{2}m_1v_1^2+\frac{1}{2}m_2v_2^2 \tag{2-2-6}$$

（1）若两个滑块质量相等，即 $m_1=m_2=m$ 且 $v_{20}=0$，则由式（2-2-5）和（2-2-6），得到

$$v_1=0\,,\quad v_2=v_{10}$$

即两个滑块碰撞后彼此交换速度。

（2）若两个滑块质量不相等，即 $m_1\neq m_2$，$v_{20}=0$，则有

$$\begin{cases} m_1v_{10} = m_1v_1 + m_2v_2 \\ m_1v_{10}^2 = m_1v_1^2 + m_2v_2^2 \end{cases} \tag{2-2-7}$$

解得

$$\begin{cases} v_1 = \dfrac{m_1 - m_2}{m_1 + m_2}v_{10} \\ v_2 = \dfrac{2m_1}{m_1 + m_2}v_{10} \end{cases} \tag{2-2-8}$$

2．完全非弹性碰撞

在上述相同的条件下，如果两个滑块在导轨上碰撞后合在一起以同一速度运动而不分开，就称为完全非弹性碰撞。其特点是，碰撞前后系统的动量守恒，但动能有损失，碰撞过程系统机械能不守恒。为了实现完全非弹性碰撞，可以在滑块的相碰端装上尼龙搭扣，两个滑块碰撞后依靠尼龙扣合在一起以相同的速度运动。

设完全非弹性碰撞后两个滑块一起运动的速度为 $v$，即

$$v_1 = v_2 = v$$

式（2-2-5）变为

$$m_1v_{10} + m_2v_{20} = (m_1 + m_2)v \tag{2-2-9}$$

得

$$v = \frac{m_1v_{10} + m_2v_{20}}{m_1 + m_2} \tag{2-2-10}$$

当 $v_{20} = 0$ 且 $m_1 = m_2$ 时，$v = \dfrac{1}{2}v_{10}$，即两滑块扣在一起后，速度变为原来的一半。

【预习思考题】

在验证动量守恒时，怎样实验操作来减少测量误差?

【实验内容与步骤】

实验之前，将导轨调平，调节两个光电门的位置使它们之间保持适当的距离，把质量为 $m_2$ 的滑块静止（即 $v_{20} = 0$）置于两个光电门中间。

1．弹性碰撞

将两个滑块的相碰端装上缓冲弹簧，在弹性碰撞的情形下验证动量守恒定律。按两滑块的质量 $m_1$ 和 $m_2$ 的大小，分三种情况来验证。

（1）两滑块的质量相等，即 $m_1 = m_2$。

将另一滑块 $m_1$ 放在导轨的另一端，轻轻将滑块 $m_1$ 推向静止的滑块 $m_2$，记下

滑块 $m_1$ 通过光电门 1 的时间 $\Delta t_{10}$，在两滑块碰撞后，滑块 $m_1$ 静止，滑块 $m_2$ 以速度 $v_2$ 向前运动，记下 $m_2$ 经过光电门 2 所需的时间 $\Delta t_2$，将数据填入表 2-2-5 中，重复 2 次，利用测得的数据验证碰撞前后的动量是否守恒。

（2）两滑块的质量不相等，$m_1 > m_2$。

在滑块 $m_1$ 上加一砝码，这时 $m_1 > m_2$。重复步骤 1，记下滑块 $m_1$ 在碰撞前经过光电门 1 的时间 $\Delta t_{10}$，以及碰撞后 $m_2$ 和 $m_1$ 先后经过光电门 2 所用的时间 $\Delta t_2$ 和 $\Delta t_1$。重复 2 次；将实验数据填入表 2-2-5 中，验证碰撞前、后动量是否守恒。

（3）两滑块的质量不相等，$m_1 < m_2$。

在滑块 $m_2$ 上加一砝码，这时 $m_1 < m_2$。重复步骤（2），记下滑块 $m_1$ 在碰撞前经过光电门 1 的时间 $\Delta t_{10}$，以及碰撞后 $m_2$ 和 $m_1$ 先后经过光电门 2 所用的时间 $\Delta t_2$ 和 $\Delta t_1$。重复 2 次；将实验数据填入表格 2-2-5 中，验证碰撞前、后动量是否守恒。

2．完全非弹性碰撞

将两个滑块的相碰端安置尼龙搭扣，在完全非弹性碰撞的情形下验证动量守恒定律。按两滑块的质量 $m_1$ 和 $m_2$ 的大小，分两种情况来验证。

（1）两滑块的质量相等（$m_1 = m_2$），$v_{20} = 0$。

（2）两滑块的质量不相等（$m_1 \neq m_2$），$v_{20} = 0$。

参照弹性碰撞的实验操作步骤，完成完全非弹性碰撞实验，将实验数据记录在表 2-2-6 中，通过计算验证完全非弹性碰撞前后动量是否守恒。

## 【数据记录与处理】

1．弹性碰撞

表 2-2-5　弹性碰撞实验数据记录

$v_{20} = 0$，遮光板宽度 $\Delta x =$ ______ cm

| | 碰撞前 | | | 碰撞后 | | | | | 偏　差 |
|---|---|---|---|---|---|---|---|---|---|
| 情形 | $\Delta t_{10}$ /ms | $v_{10}$ /(cm/s) | $m_1v_{10}$ /(g·cm/s) | $\Delta t_2$ /ms | $v_2$ /(cm/s) | $\Delta t_1$ /ms | $v_1$ /(cm/s) | $m_1v_1+m_2v_2$ /(g·cm/s) | $E=\frac{m_1v_{10}-(m_1v_1+m_2v_2)}{m_1v_{10}}\times100\%$ |
| $m_1 = m_2$ | | | | | | | | | |
| $m_1 =$ __g | | | | | | | | | |
| $m_2 =$ __g | | | | | | | | | |
| $m_1 > m_2$ | | | | | | | | | |
| $m_1 =$ __g | | | | | | | | | |
| $m_2 =$ __g | | | | | | | | | |
| $m_1 < m_2$ | | | | | | | | | |
| $m_1 =$ _g | | | | | | | | | |
| $m_2 =$ _g | | | | | | | | | |

2．完全非弹性碰撞

表 2-2-6 完全非弹性碰撞实验数据记录

$v_{20}=0$，遮光板宽度 $\Delta x=$____cm

| 碰撞前 | | | | 碰撞后 | | | 偏差 |
|---|---|---|---|---|---|---|---|
| 情形 | $\Delta t_{10}$ /ms | $v_{10}$ /(cm/s) | $m_1v_{10}$ /(g·cm/s) | $\Delta t$ /ms | $v$ /(cm/s) | $(m_1+m_2)v$ /(g·cm/s) | $E=\frac{(m_1+m_2)v}{m_1v_{10}}\times 100\%$ |
| $m_1=m_2$ <br> $m_1=$____g | | | | | | | |
| | | | | | | | |
| | | | | | | | |
| $m_1\neq m_2$ <br> $m_1=$____g <br> $m_2=$____g | | | | | | | |
| | | | | | | | |
| | | | | | | | |

【问题讨论】

（1）在弹性碰撞情形下，当 $m_1\neq m_2$，$v_{20}=0$ 时两个滑块碰撞前后的总动能是否相等？试利用实验数据验算一下。如果不完全相等，试分析产生误差的原因。

（2）在完全非弹性碰撞情形下，如果碰撞前后动量不守恒，试分析原因？

## （三）气垫导轨上简谐振动的研究

物体在一定位置附近所做的往复运动叫作机械振动，振动现象广泛地存在于自然界中。例如钟摆的运动、气缸中活塞的运动等都是振动。最简单的振动是简谐振动，一切复杂的振动都可以视为是由许多简谐振动合成的，因此，掌握简谐振动的规律及其特征，有助于理解复杂振动的规律。

【实验目的】

（1）观察气垫导轨上弹簧振子的简谐振动，测定弹簧振子的振动周期。

（2）测定弹簧的劲度系数和弹簧的有效质量。

（3）研究弹簧振子的振动周期与振幅、质量和劲度系数的关系。

【实验仪器与材料】

气垫导轨仪器全套（含光电计时系统）、气泵、弹簧、滑块、物理天平。

【实验原理】

在水平气垫导轨上质量为 $m_1$ 的滑块两端连接两根倔强系数均为 $k_0$ 的相同弹簧，两弹簧的另一端分别固定在气轨的两个端点，这两根弹簧和滑块组成了一个振动系统，如图 2-2-2 所示。

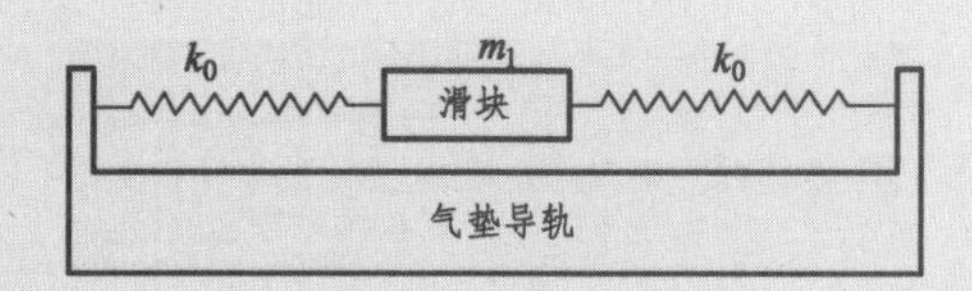


图 2-2-2　弹簧振子系统

1．弹簧振子的周期公式

如果将质量为 $m_1$ 的滑块的中间部位在平衡位置取为坐标原点 $O$，在平衡位置时，两个弹簧的伸长量相同，所以滑块所受的合外力为零。当把滑块从 $O$ 点向右移动距离 $x$ 时，左边的弹簧被拉长，根据胡克定律，滑块受到一个方向向左、大小为 $2k_0x$ 的弹性力 $F$ 的作用。该弹性力 $F$ 的方向始终指向平衡位置 $O$，且跟位移 $x$ 的方向相反，即

$$F=-2k_0x \tag{2-2-11}$$

若上述两根弹簧不相同，它们的倔强系数分别为 $k_1$ 和 $k_2$，则式（2-2-11）变为

$$F=-(k_1+k_2)x \tag{2-2-12}$$

如果滑块所受其他阻力可以忽略不计，根据牛顿第二定律，滑块在弹性力 F 的作用下有

$$m\frac{\mathrm{d}^2x}{\mathrm{d}t^2}=-(k_1+k_2)x \tag{2-2-13}$$

令 $k=k_1+k_2$，方程的解为

$$x=A\cos(\omega t+\phi_0) \tag{2-2-14}$$

式（2-2-14）表明，振动系统的运动是简谐运动，其中

$$\omega=\sqrt{\frac{k}{m}}$$

$\omega$ 称为圆频率，$m=m_1+m_0$，$m$ 是振动系统的有效质量，$m_1$ 是滑块的质量，$m_0$ 是弹簧的有效质量。$A$ 称为振幅，$\phi_0$ 称为初位相。$\omega$ 只与系统的特性 $k_1$ 和 $k_2$ 有关，$A$ 和 $\phi_0$ 由初始条件决定。

系统的周期 $T$ 与圆频率 $\omega$ 的关系为

$$T=\frac{2\pi}{\omega_0}=2\pi\sqrt{\frac{m}{k}}=2\pi\sqrt{\frac{m_1+m_0}{k}} \tag{2-2-15}$$

本实验，通过改变 $m_1$ 测出相应的 $T$，研究 $T$ 与 $m$ 的关系，从而求出 $\overline{k}$ 和 $\overline{m_0}$。

2．振动系统的周期与质量的关系，测定弹簧的劲度系数和有效质量

在质量为 $m_1$ 的滑块上加配重砝码 $m'$，对一定的振幅 $A$，每次在滑块上增加一个质量为 $m'$ 砝码，测定对应的周期 $T$。

（1）逐差法。

测量偶数组数据，例如测量4组数据，由公式

$$T_i^2=\frac{4\pi^2}{k}(m_i+m_0) \tag{2-2-16}$$

式（2-2-16）中 $m_i=[m_1+(i-1)\cdot m']$，$i=1,\cdots,4$。

再由

$$T_3^2-T_1^2=\frac{4\pi^2}{k}(m_3-m_1)\text{，}\ T_4^2-T_2^2=\frac{4\pi^2}{k}(m_4-m_2)$$

有

$$k'=\frac{4\pi^2}{T_3^2-T_1^2}(m_3-m_1)\text{，}\ k''=\frac{4\pi^2}{T_4^2-T_2^2}(m_4-m_2) \tag{2-2-17}$$

得弹簧的劲度系数

$$\bar{k}=\frac{1}{2}(k'+k'') \tag{2-2-18}$$

将（2-2-18）式代入式（2-2-16）得

$$m_{0i}=\frac{\bar{k}T_i^2}{4\pi^2}-m_i \tag{2-2-19}$$

由式（2-2-19）求出弹簧的有效质量

$$\overline{m_0}=\frac{1}{4}\sum_1^4 m_{0i} \tag{2-2-20}$$

（2）作图法。

作 $T^2$-$m_i$ 图，得一直线，通过斜率和截距分别求出弹簧的劲度系数 $k$ 和弹簧的有效质量 $m_0$。

【预习思考题】

（1）预习弹簧的简谐振动特征。

（2）预习逐差法处理数据。

（3）预习作图法处理数据

【实验内容与步骤】

1．研究系统的振动周期和振幅的关系

（1）将气垫导轨调水平。

（2）按照图2-2-2所示，把弹簧和滑块组成的振动系统安放到气轨上，并给滑块一个位移，令其振动。观察滑块的速度变化情形，分析动能和弹性势能之间的转换情形。

（3）用数字计时器测出滑块完成 $n$ 次全振动所用时间 $t$，得出完成一个全振动所用时间 $t/n$，即周期 $T$。将数据记录在表2-2-7中。

（4）分别改变滑块的振幅大小五次，重复步骤（3），求出不同振幅所对应的周期，然后计算周期的平均值、绝对误差和相对误差。

注意:在研究周期与振幅的关系时，振幅不宜过大，以免超过弹性限度。

2．研究系统的振动周期和振子质量之间的关系，测定弹簧的劲度系数 $k$ 和有效质量 $m_0$

（1）按照上述步骤 1 的方法，在滑块质量为 $m_1$，振动系统有效质量为 $m=m_1+m_0$ 时测出振动系统的周期 $T_1$。将数据填入表 2-2-8 中。

（2）依次在滑块上添加 1～3 个配重砝码 $m'$，滑块的质量依次变为 $m_2=m_1+m'$（振动系统有效质量为 $m=m_1+m'+m_0$）、$m_3=m_1+2m'$（振动系统有效质量为 $m=m_1+2m'+m_0$）、$m_4=m_1+3m'$（振动系统有效质量为 $m=m_1+3m'+m_0$），重复步骤（1）测出相对应的振动系统的周期 $T_2$、$T_3$、$T_4$，将数据填入表 2-2-8 中。

对表 2-2-8 所测数据分别采用逐差法和作图法，求出弹簧的劲度系数 $k$ 和有效质量 $m_0$。

注意：在研究周期与质量的关系时，滑块上所加配重砝码的质量不宜过大，以阻尼无明显增加为限。

## 【数据记录与处理】

1．周期 $T$ 与振幅 $A$ 的关系

表 2-2-7 周期 $T$ 与振幅 $A$ 的关系数据记录

| 周期/s | 1 | 2 | 3 | 4 | 5 |
|---|---|---|---|---|---|
| $n$ 个周期的时间 $t$ | | | | | |
| 1 个周期的时间 $T$ | | | | | |
| 平均值 $\bar{T}$ | | | | | |

2．周期 $T$ 和振子质量的关系

表 2-2-8 周期 $T$ 与质量的关系数据记录

| 滑块＋配重砝码质量/g | 周期/s | $T_i^2=\frac{4\pi^2}{k}(m_i+m_0)$ /S² | $T_{i+2}^2-T_i^2$ /S² | $k$/(N/m) |
|---|---|---|---|---|
| $m_1=m_1=$ | $T_1=$ | $T_1^2=$ | $T_3^2-T_1^2=\frac{4\pi^2}{k}(m_3-m_1)=$ | $k'=\frac{4\pi^2}{T_3^2-T_1^2}(m_3-m_1)=$ |
| $m_2=m_1+m'=$ | $T_2=$ | $T_2^2=$ | | |
| $m_3=m_1+2m'=$ | $T_3=$ | $T_3^2=$ | $T_4^2-T_2^2=\frac{4\pi^2}{k}(m_4-m_2)=$ | $k''=\frac{4\pi^2}{T_4^2-T_2^2}(m_4-m_2)=$ |
| $m_4=m_1+3m'=$ | $T_4=$ | $T_4^2=$ | | |

（1）逐差法处理数据。

由数据表 2-2-8，根据式（2-2-18）求出弹簧的劲度系数平均值

$$\bar{k}=\frac{1}{2}(k'+k'')$$

最后由式（2-2-19）、（2-2-20）求出弹簧的有效质量

$$m_{0i}=\frac{\bar{k}T_i^2}{4\pi^2}-m_i\text{，}\quad \overline{m_0}=\frac{1}{4}\sum_1^4 m_{0i}$$

（2）作图法处理数据。

以 $T^2$ 为纵坐标，$m_i$ 为横坐标，作 $T^2$ - $m_i$ 图，得到一条直线，由于该直线的斜率为 $\frac{4\pi^2}{k}$，截距为 $\frac{4\pi^2}{k}m_0$，由此可以求出弹簧的劲度系数 $k$ 和有效质量 $m_0$。

【问题讨论】

（1）根据表 2-2-7 中数据讨论弹簧振子的振动周期是否与振幅有关?

（2）比较弹簧的实际质量和有效质量的大小，两者之比是多少?

# 实验三　重力加速度的测定

操作视频

重力加速度是物理学中的一个非常重要的量，在处理各种问题时，常把重力加速度作为常数对待。但多数常用的物理常数表中并不给出重力加速度的数值，原因是它随着地球上各个地区的纬度、海拔高度及地下资源的分布不同而略有不同。不同地区的重力加速度只能通过实验的方法加以测定，测定重力加速度的方法很多，本实验主要学习用单摆法和自由落体法测定当地的重力加速度。

## （一）单摆法测定重力加速度

### 【实验目的】

（1）学会用单摆法测重力加速度。
（2）研究单摆摆动周期与摆长的关系。

### 【实验仪器与材料】

单摆装置、测试仪传感器、米尺、游标卡尺。

### 【实验原理】

单摆又称“数学摆”，即它是实现数学摆的一种近似装置，由一根上端固定而不会伸长的细线（质量可以忽略不计）和在下端悬挂的一个可以当作质点（体积可以忽略）的小球（本实验小球的直径为 20 mm）组成．如果小球的质量比细线的质量大很多，而且细线的长度又比小球的直径大很多，小球在重力作用下可在竖直平面内来回摆动，则此装置可以看作是单摆，如图 2-3-1 所示，图中摆角$\theta$很小（$\leqslant 5°$）。

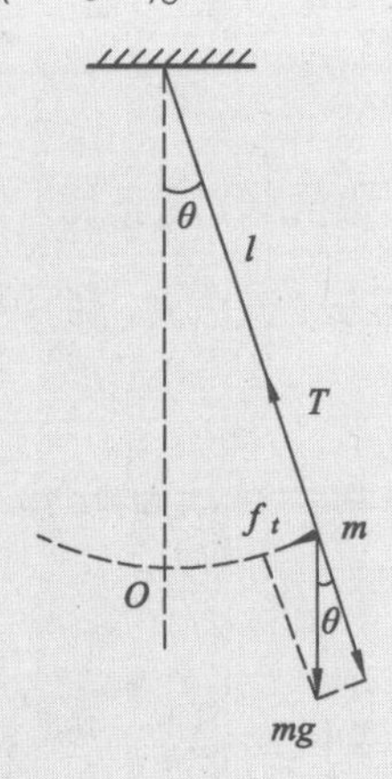

图 2-3-1　单摆

单摆往返摆动一次所需的时间称为单摆的周期。下面我们推导单摆的周期公式。

当摆线与竖直方向成$\theta$角时，忽略空气阻力，摆球所受合力沿圆弧切线方向的分力，即重力在这一方向的分力为$mg\sin\theta$，取逆时针方向为角位移$\theta$的正方向，则此力应写成

$$f_t=-mg\sin\theta \tag{2-3-1}$$

在角位移$\theta$很小时，$\sin\theta\approx\theta$，所以

$$f_t=-mg\theta \tag{2-3-2}$$

因摆球的切向加速度为$a_t=l\dfrac{d\omega}{dt}=l\dfrac{d^2\theta}{dt^2}$，根据牛顿第二定律得

$$\frac{d^2\theta}{dt^2}=-\frac{g}{l}\theta \tag{2-3-3}$$

其解为

$$x=A\cos(\omega t+\varphi_0) \tag{2-3-4}$$

可见单摆的运动符合简谐振动的方程。$A$为振幅，$\omega$为圆频率，从而可以得出振动的周期为

$$T=2\pi\sqrt{\frac{l}{g}} \tag{2-3-5}$$

注意：上式是在$\sin\theta\approx\theta$的情况下得出的。否则，周期是摆角的非线性函数。

由式（2-3-5）可知，只要测出单摆的周期和摆长，便可计算出重力加速度$g$。

$$g=\frac{4\pi^2}{T^2}l \tag{2-3-6}$$

式（2-3-6）中摆长$l$是从悬点到球心的距离。

式（2-3-5）又可写成

$$T^2=\frac{4\pi^2}{g}l \tag{2-3-7}$$

式（2-3-7）表明，单摆的周期$T$和摆长$l$成正比，作$T^2$-$l$图，可以得到一条直线，$\dfrac{4\pi^2}{g}$是直线的斜率。如果改变摆长$l$测出对应的周期 $T$，则可以从图线的斜率求出重力加速度$g$。

当单摆的摆角$\theta$较大时，单摆的振动周期$T$不仅和摆长$l$有关，而且与摆动的摆角$\theta$有关，它们之间之间的关系近似为

$$T=2\pi\sqrt{\frac{l}{g}}\left(1+\frac{1}{4}\sin^2\frac{\theta}{2}\right)=T_0\left(1+\frac{1}{4}\sin^2\frac{\theta}{2}\right) \tag{2-3-8}$$

如果测出不同摆角$\theta$的周期$T$，作$T$-$\sin^2\dfrac{\theta}{2}$图，就可以验证式（2-3-8）

因此，在测量时，为了减小误差，提高测量准确度，必须注意实验中应尽量向理想条件靠近，对各种影响进行修正。

【预习思考题】

（1）预习游标卡尺的读数方法。

（2）预习不确定度的计算和作图法处理数据。

【实验内容与步骤】

实验前通过水平调节机脚，调节单摆实验仪立杆保持竖直。本实验装置如图 2-3-2 所示。

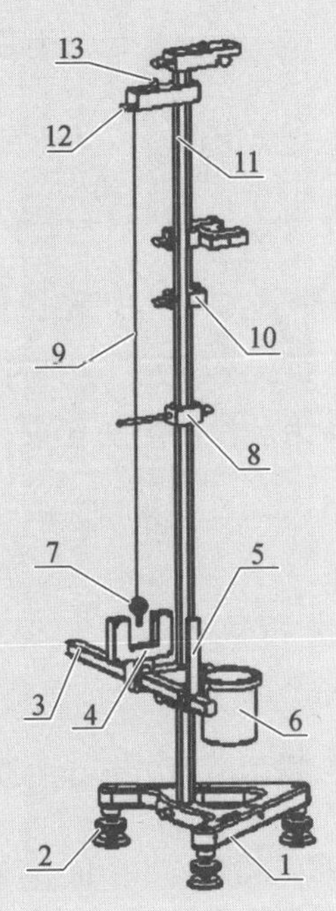


1—三角底座；2—水平调节机脚；3—水平尺（测量摆角）；4—光电门 I；5—挡板；6—落球盒（自由落体用）；7—摆球；8—挡杆（仅开展单摆周期叠加实验用）；9—摆线；10—水平泡机构（用于指示立杆垂直度）；11—立杆；12—摆线固定螺钉；13—线盒锁紧螺钉。

图 2-3-2　单摆实验仪结构图

1．单摆法测定重力加速度 $g$ 方法一：理论计算法

（1）测量摆长 $L$。

固定单摆摆长约为 80 cm，测量摆长。摆长 $L$ 是从单摆的悬点到摆球中心的长度，用米尺测量单摆上悬点到下悬点的长度，即绳线长度 $L_1$，用游标卡尺测定摆球的直径 $d$（本实验摆球的直径 $d=20$ mm），故摆长为

$$L=L_1+\frac{d}{2} \tag{2-3-9}$$

改变 $L_1$，即可以改变摆长。

① 用米尺测量绳线长度 $L_1$。

用米尺测量绳线长度 $L_1$，测量 6 次，将数据填入表 2-3-1 中，计算平均值和不确定度。

② 用游标卡尺测量摆球的直径 $d$。

用游标卡尺测量摆球的直径 $d$，测量 6 次，将数据填入表 2-3-2 中，计算平均值和不确定度。

③ 计算摆长的平均值和不确定度。

（2）测量单摆周期 $T$。

移动摆球一个小角度（≤5°），使之摆动起来，测量摆动 30 个周期的时间 $t$，重复测量 5 次。将数据填入表 2-3-3 中，计算摆动周期的平均值和不确定度。

（3）计算重力加速度 $g$。

根据式（2-3-6）计算出重力加速度 $g$，并计算不确定度，将结果表示为

$$g = \overline{g} \pm U_{\overline{g}} = \qquad\qquad (\mathrm{m/s^2})$$

2．单摆法测定重力加速度 g 方法二：作图法

改变摆长 $L$，分别取 40、50、60、70、80 cm，测出在不同摆长情况下的摆动周期 $T$，将数据填入表 2-3-4 中。按作图法要求，作 $T^2$ - $L$ 图，由直线的斜率等于 $\frac{4\pi^2}{g}$ 求出重力加速度 $g$。

3．研究单摆的振动周期和摆角 $\theta$ 的关系

固定单摆的摆长约为 80 cm，研究周期和摆角的关系。在 5°～25°之间取 5 组数据，测对应的周期 $T$，将数据填入表 2-3-5 中。用所得的数据作 $T$ - $\sin^2\frac{\theta}{2}$ 图，验证 $T$ 和 $\sin^2\frac{\theta}{2}$ 是否为线性关系，检验式中 $\sin^2\frac{\theta}{2}$ 的系数是否为 $\frac{1}{4}T_0$。

【数据记录与处理】

1．单摆法测定重力加速度 g 方法一：理论计算法

（1）用米尺测量绳线长度 $L_1$。

表 2-3-1　绳线长度 $L_1$ 数据记录

$\varDelta_{仪}$ =　　　（mm）

| 被测量/mm | 1 | 2 | 3 | 4 | 5 | 6 |
|---|---|---|---|---|---|---|
| 绳线长 $L_1$ | | | | | | |
| 平均值 $\overline{L_1}$ | | | | | | |

注：米尺的仪器误差 $\varDelta_{仪}$ 取 0.5 mm。

$L_1$ 的 A 类不确定度分量 $U_{A(L_1)}=\sqrt{\dfrac{\sum(L_i-\overline{L}_1)^2}{6-1}}=$ ________（mm）

$L_1$ 的 B 类不确定度分量 $U_{B(L_1)}=\Delta_{仪}$，$U_{B(L_1)}=$ ________（mm）

合成不确定度 $U_{C(\overline{L}_1)}=\sqrt{U^2_{A(L_1)}+U^2_{B(L_1)}}=$ ________（mm）

（2）用游标卡尺测量摆球的直径 $d$。

表 2-3-2　摆球的直径 $d$ 数据记录

$\Delta_{仪}=$　　（mm）

| 测量次数 | 1 | 2 | 3 | 4 | 5 | 6 |
|---|---|---|---|---|---|---|
| 摆球直径 $d$/mm | | | | | | |
| 平均值 $\overline{d}$ /mm | | | | | | |

注：游标卡尺的仪器误差 $\Delta_{仪}$ 取 0.02 mm。

$d$ 的 A 类不确定度分量 $U_{A(d)}=\sqrt{\dfrac{\sum(d_i-\overline{d})^2}{6-1}}=$ ________（mm）

$d$ 的 B 类不确定度分量 $U_{B(d)}=\Delta_{仪}=$ ________（mm）

合成不确定度 $U_{C(\overline{d})}=\sqrt{U^2_{A(d)}+U^2_{B(d)}}=$ ________（mm）

摆长 $\overline{L}=\overline{L}_1+\overline{d}/2=$ ________（mm）

摆长 $L$ 的不确定度 $U_{C(L)}=\sqrt{U^2_{\overline{L}_1}+\dfrac{1}{4}U^2_{\overline{d}}}=$ ________（mm）

（3）用数字计时仪测量单摆摆动 30 次的周期 $T_{30}$。

表 2-3-3　摆动 30 次的周期 $T_{30}$ 数据记录

| 测量次数 | 1 | 2 | 3 | 4 | 5 | 6 |
|---|---|---|---|---|---|---|
| 摆动 30 次的周期 $T_{30}$/s | | | | | | |
| 平均值 $\overline{T_{30}}$/s | | | | | | |

$T_{30}$ 的 A 类不确定度分量 $U_{A(\overline{T_{30}})}=\sqrt{\dfrac{\sum(T_{30_i}-\overline{T_{30}})^2}{6-1}}=$ ________（s）

合成不确定度 $U_{\overline{T_{30}}}=\sqrt{U^2_A}=$ ________（s）

单摆周期 $T=\dfrac{1}{30}\overline{T_{30}}=$ ________（s），$U_T=\dfrac{1}{30}U_{\overline{T_{30}}}=$ ________（s）

（4）计算重力加速度 $g$。

重力加速度 $\overline{g}=(4\pi^2\overline{L})/T^2=$________（$cm/s^2$）

重力加速度 $g$ 的不确定度 $U_{\overline{g}}=\overline{g}\sqrt{\frac{U_{\overline{L}}^2}{\overline{L}^2}+4\frac{U_T^2}{T^2}}=$________（$cm/s^2$）

实验结果记为：$g=\overline{g}\pm U_{\overline{g}}=$ ____________（$cm/s^2$）

2．单摆法测定重力加速度 $g$ 方法二：作图法

表 2-3-4　周期 $T^2$ 与摆长 $L$ 的关系数据记录

小球直径 $d=$________（cm）

| 测量次数 | 绳线长 $L_1$/cm | 摆长 $L=L_1+d/2$/cm | 30 个周期/s | 周期 $T$/s |
|---|---|---|---|---|
| 1 | | | | |
| 2 | | | | |
| 3 | | | | |
| 4 | | | | |
| 5 | | | | |
| 6 | | | | |

按作图法要求，作 $T^2$-$L$ 图，以 $T^2$ 为纵坐标，$L$ 为横坐标，作图得一直线，该直线的斜率等于 $\frac{4\pi^2}{g}$，从而求出重力加速度 $g$。

3．研究单摆的振动周期和摆角 $\theta$ 的关系

表 2-3-5　周期 $T$ 与摆角 $\theta$ 的关系数据记录

小球直径 $d=$______（cm），绳线长 $L_1=$______（cm），摆长 $L=L_1+d/2$______（cm）

| 摆角 $\theta$ | 30 个周期/s | 周期 $T$/s | $\sin^2\frac{\theta}{2}$ |
|---|---|---|---|
| 5° | | | |
| 10° | | | |
| 15° | | | |
| 20° | | | |
| 25° | | | |

按作图法要求，作$T^2$-$L$图，以 $T$ 为纵坐标，$\sin^2\dfrac{\theta}{2}$为横坐标，作图得一直线，验证 $T$和$\sin^2\dfrac{\theta}{2}$为线性关系，检验式中$\sin^2\dfrac{\theta}{2}$的系数是$\dfrac{1}{4}T_0$。

注：根据 IEC 标准，地球上任意地方重力加速度的理论计算公式为

$$g_{理论值}=9.806\,17\times(1-2.64\times10^{-3}\cos2\varphi+7\times10^{-6}\cos^2 2\varphi)-3.086\times10^{-6}H \quad (\text{m/s}^2)$$

其中，$H$ 为海拔高度，$\varphi$为所在地区的纬度。

【问题讨论】

（1）本实验中测摆动周期时为什么要测量摆动几十次的周期，而不直接测量摆动一次的周期？实验时怎样合理地选取摆动次数?

（2）比较实验测定的重力加速度值与理论公式计算值，讨论在实验中如何减少误差。

## （二）落球法测定重力加速度

【实验目的】

（1）掌握用落体法测定重力加速度的原理。

（2）学会用单光电门法和双光电门法测量重力加速度。

【实验仪器与材料】

自由落体实验仪、测试仪传感器、米尺、钢球（落球）。

【实验原理】

自由落体运动是一种初速度为零，加速度为 $g$ 的匀加速直线运动，即

$$S=\frac{1}{2}gt^2 \tag{2-3-10}$$

测出 $S$、$t$，就可以算出重力加速度 $g$。用电磁铁联动或把小球放置在刚好不能挡光的位置，在小球开始下落的同时计时，则 $t$ 是小球下落时间，$S$ 是在 $t$ 时间内小球下落的距离。

1．利用单光电门计时方式测量 $g$

单光电门测量方式与公式（2-3-10）阐述的原理一致，假定光电门Ⅱ与落球点位置之间距离为 $S$，开启电磁铁释放小球的同时开始计时，当小球经过光电门Ⅱ后停止计时，测出时间 $t$，则重力加速度可由下式求得

$$g = \frac{2S}{t^2} \tag{2-3-11}$$

2．利用双光电门计时方式测量 $g$

用一个光电门测量有两个困难：一是 $S$ 不容易测量准确；二是电磁铁有剩磁，$t$ 不易测量准确。这两点都会给实验带来一定的测量误差。为了解决这个问题采用双光电门计时方式，可以有效的减小实验误差，测试原理如图 2-3-3 所示。小球在竖直方向从 O 点开始自由下落，设它到达 A 点的速度为 $v_1$，从 A 点起，经过时间 $t_1$ 后小球到达 B 点。令 A、B 两点间的距离为 $S_1$，则

$$S_1 = V_1 t_1 + \frac{g t_1^2}{2} \tag{2-3-12}$$

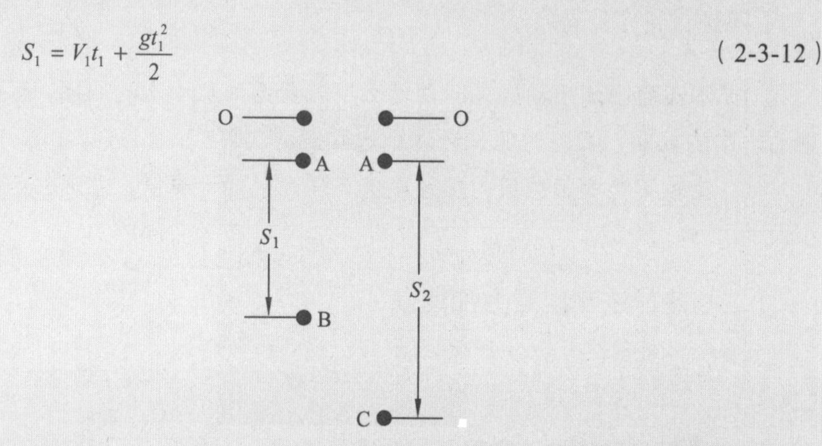


图 2-3-3　双光电门测试原理图

若保持上述条件不变，从 A 点起，经过时间 $t_2$ 后，小球到达 C 点，令 A、C 两点间的距离为 $S_2$，则

$$S_2 = v_1 t_2 + \frac{g t_2^2}{2} \tag{2-3-13}$$

联立式（2-3-12）和式（2-3-13）可以得出

$$g = 2\frac{\frac{S_2}{t_2} - \frac{S_1}{t_1}}{t_2 - t_1} \tag{2-3-14}$$

当 $S_2 = 2S_1$ 时，有

$$g = 2S_1 \frac{\frac{2}{t_2} - \frac{1}{t_1}}{t_2 - t_1} \tag{2-3-15}$$

利用上述方法测量，将原来难于精确测定的距离 $S_1$ 和 $S_2$ 转化为测量其差值，即（$S_2 - S_1$），该值等于下端光电门在两次实验中的上下移动距离，而且解决了剩磁所引起的时间测量困难，测量结果比采用一个光电门要精确得多。

【预习思考题】

推导自由落体法测定重力加速度的公式。

【实验内容与步骤】

实验开始前，通过水平调节机脚，调节自由落体仪的立杆竖直。本实验装置如图 2-3-4 所示。

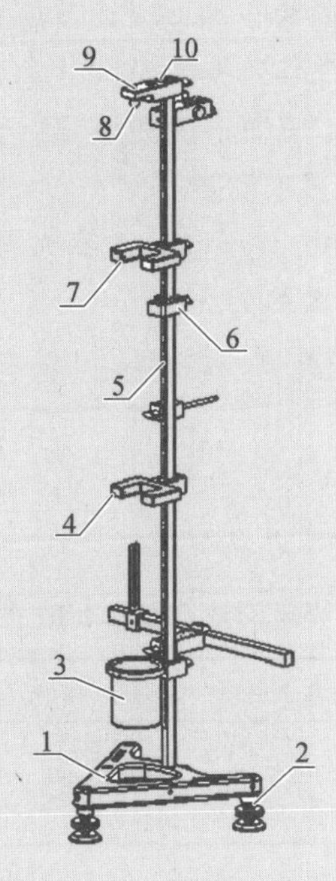


1—底座；2—水平调节机脚；3—落球盒；4—光电门Ⅱ（下端光电门，接测试仪传感器Ⅱ）；5—立杆；6—水平泡机构（用于指示立杆垂直度）；7—光电门Ⅰ（上端光电门，接测试仪传感器Ⅰ）；8—钢球（落球）；9—电磁铁；10—电磁铁控制电源（接测试仪电磁铁）。

图 2-3-4　自由落体实验仪结构图

1．采用单光电门法测量重力加速度

（1）将图 2-3-4 中所示光电门Ⅰ与测试仪传感器Ⅰ相连，电磁铁控制电源与测试仪相连，开启测试仪电源。

（2）进入通用计数器 > 自由落体实验功能，进入实验菜单，选择 > 方式 1 单光电门测试模式。

（3）将直径为 16 mm 的钢球吸在电磁铁吸盘中心位置，用卷尺多次测量钢球中心位置到激光束之间距离 $S$。

（4）在方式 1 菜单中，按“开始”开始测量，当小球经过光电门Ⅰ后，显示测量时间，可多次测量时间 $t$。

（5）改变光电门Ⅰ的位置，重复实验步骤（2）~（5），测量不同的 $S$ 和 $t$。

（6）根据 $S=\frac{1}{2}gt^2$，以 $S$ 为纵坐标，$t^2$ 为横坐标，作 $S$-$t^2$ 图，由直线的斜率

求出重力加速度。

2．采用双光电门法测量重力加速度

（1）将图 2-3-4 中所示上端光电门Ⅰ与测试仪传感器Ⅰ相连，下端光电门Ⅱ与测试仪传感器Ⅱ相连，电磁铁控制电源与测试仪相连，开启测试仪电源。

（2）进入通用计数器 > 自由落体实验功能，进入实验菜单，选择 > 方式 2 双光电门测试模式。

（3）将直径为 16 mm 的钢球吸在电磁铁吸盘中心位置，用卷尺多次测量两光电门激光束之间距离 $S_2$。

（4）在方式 2 菜单中，按“开始”开始测量，当小球依次经过光电门Ⅰ和光电门Ⅱ后，显示测量时间，可多次测量时间 $t_2$。

（5）保持上端光电门Ⅰ的位置不动，改变光电门Ⅱ的位置，重复实验步骤（3）～（6），测量此时对应的 $S_1$ 和 $t_1$。

（6）根据式（2-3-14），计算重力加速度和实验误差。

【数据记录与处理】

1．采用单光电门法测量重力加速度

表 2-3-6　单光电门法测量重力加速度数据记录

| 测量次数 | 下落距离 $S$/cm | 时间 $t$/s | $t^2$/s |
|---|---|---|---|
| 1 | | | |
| 2 | | | |
| 3 | | | |
| 4 | | | |
| 5 | | | |
| 6 | | | |

以 $S$ 为纵坐标，$t^2$ 为横坐标，作 $S$-$t^2$ 图，由直线的斜率等于 $\frac{1}{2}g$ 求出重力加速度 $g$。

2．采用双光电门法测量重力加速度

表 2-3-7　双光电门法测量重力加速度数据记录

| $S_2$/m | | $S_1$/m | | $t_2$/s | | $t_1$/s | |
|---|---|---|---|---|---|---|---|
| $S_2$ | | $S_1$ | | $t_2$ | | $t_1$ | |
| | | | | | | | |
| | | | | | | | |
| $S_{2平均}$ | | $S_{1平均}$ | | $t_{2平均}$ | | $t_{1平均}$ | |

| | |
|---|---|
| $g_{测}/(\mathrm{m/s^2})$ | $g=2\dfrac{\dfrac{S_2}{t_2}-\dfrac{S_1}{t_1}}{t_2-t_1}=$ |
| $g_{标准}/(\mathrm{m/s^2})$ | 本地区重力加速度值 $g_{标准}=$ |
| 相对误差/% | |

【问题讨论】

（1）如果自由落体仪的立柱不铅直，对实验结果有何影响？

（2）采用双光电门法测量重力加速度实验中，为什么只改变光电门Ⅱ的位置，而不改变光电门Ⅰ的位置？

# 实验四　转动惯量的测定

转动惯量是刚体在转动中惯性大小的量度，它与刚体的总质量、形状大小和转轴的位置有关。对于形状较简单的刚体，可以通过数学方法算出它绕特定轴的转动惯量。但是，对于形状较复杂，质量不均匀的刚体（如机械部件、电动机转子等），用数学方法计算它的转动惯量非常困难，故大都用实验方法测定。因此，学会刚体转动惯量的测定方法，具有重要的实际意义。

## 【实验目的】

（1）学习用恒力矩转动法测定刚体转动惯量的原理和方法。

（2）观测刚体的转动惯量随其质量、质量分布及转轴不同而改变的情况，验证平行轴定理。

（3）学会使用通用数字计时器测量时间。

## 【实验仪器】

转动惯量实验仪、数字存储式毫秒计、物理天平、游标卡尺、砝码、被测物。

## 【实验原理】

1．恒力矩转动法测定转动惯量的原理

根据刚体的定轴转动定律：

$$M = J\beta \tag{2-4-1}$$

只要测定刚体转动时所受的总合外力矩 $M$ 及该力矩作用下刚体转动的角加速度 $\beta$，就可以计算出该刚体的转动惯量。

设以某初始角速度转动的空实验台转动惯量为 $J_1$，未加砝码时，在摩擦阻力矩 $M_f$ 的作用下，实验台将以角加速度 $\beta_1$ 做匀减速运动，即

$$-M_f = J_1\beta_1 \tag{2-4-2}$$

将质量为 $m$ 的砝码挂于缠绕在半径为 $R$ 的塔轮并跨过滑轮的细线上，如图 2-4-1 所示，让砝码静止下落，系统在恒外力作用下将做匀加速运动。若砝码的加速度为 $a$，则细线所受张力为 $T = m(g-a)$，其中，$g$ 为重力加速度，一般情况下取 9.8 m/s$^2$。若此时实验台的角加速度为 $\beta_2$，则有 $a = R\beta_2$。细线施加给实验台的力矩为 $TR = m(g-R\beta_2)R$，此时有

$$m(g-R\beta_2)R - M_f = J_1\beta_2 \tag{2-4-3}$$

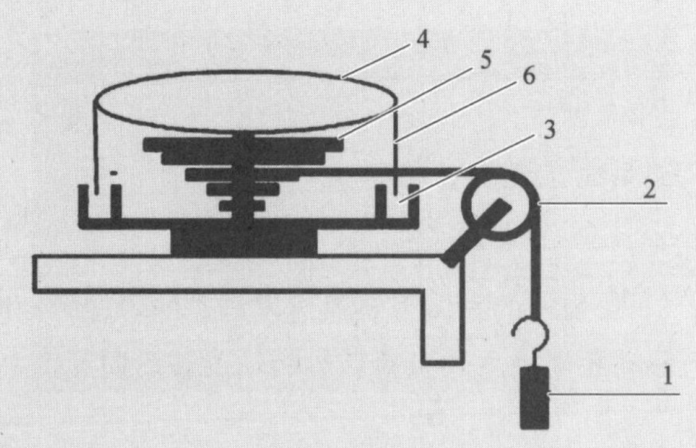


1—砝码；2—滑轮；3—光电门；4—承物台；
5—塔轮；6—遮光板。

图 2-4-1　转动惯量实验仪

（1）空实验台的转动惯量 $J_1$。

联立式（2-4-2）和（2-4-3），消去 $M_f$，可得空实验台的转动惯量 $J_1$ 为

$$J_1 = \frac{mR(g - R\beta_2)}{\beta_2 - \beta_1} \tag{2-4-4}$$

式中 $m$、$R$ 分别为砝码的质量、塔轮半径，$\beta_1$、$\beta_2$ 分别为实验台加砝码前匀减速、加砝码后匀加速运动的角加速度。

（2）加试样后实验台的转动惯量 $J_2$。

同理，若在实验台上加被测物体后系统的转动惯量为 $J_2$ 为

$$J_2 = \frac{mR(g - R\beta_4)}{\beta_4 - \beta_3} \tag{2-4-5}$$

式中 $\beta_3$、$\beta_4$ 分别为加砝码前后的角加速度。

（3）被测物体的转动惯量 $J$。

由转动惯量的叠加原理可知，被测物体的转动惯量 $J$ 为

$$J = J_2 - J_1 \tag{2-4-6}$$

测得 $R$、$m$ 及 $\beta_1$、$\beta_2$、$\beta_3$、$\beta_4$，由式（2-4-4）、（2-4-5）、（2-4-6）即可计算被测物体的转动惯量。

2. 角加速度 $\beta$ 的测量

实验中采用智能计时计数仪记录下遮挡次数 $k$ 和相应的时间 $t$，对于匀变速运动中测量得到的任意两组数据（$k_m$，$t_m$）、（$k_n$，$t_n$），相应的角位移 $\theta_m$、$\theta_n$ 分别为

$$\begin{cases} \theta_m = \omega_0 t_m + \dfrac{1}{2}\beta t_m^2 \\ \theta_n = \omega_0 t_n + \dfrac{1}{2}\beta t_n^2 \end{cases} \tag{2-4-7}$$

联立消去 $\omega_0$，可得角加速度的测量表达式：

$$\beta = \frac{2\pi(k_n t_m - k_m t_n)}{t_n^2 t_m - t_m^2 t_n} \quad (2\text{-}4\text{-}8)$$

由式（2-4-8）即可计算角加速度 $\beta$。

3．平行轴定理

理论分析表明，质量为 $m$ 的物体围绕通过质心 $O$ 的转轴转动时的转动惯量 $J_0$ 最小，当转轴平行移动距离 $d$ 后，绕新转轴转动的转动惯量 $J$ 为

$$J = J_0 + md^2 \quad (2\text{-}4\text{-}9)$$

【预习思考题】

日常生活中哪些现象的解释中需要用到转动惯量?

【实验内容与步骤】

在桌面上放置转动惯量实验仪，并利用基座上的三颗调平螺钉，将仪器调平。将滑轮支架固定在实验台面边缘，调整滑轮高度及方位，使滑轮槽与选取的绕线塔轮槽等高，且其方位相互垂直，如图 2-4-1 所示。用数据线将智能计时计数器的信号通道与转动惯量仪的光电门相连，使之处于待机状态。

1．测量空实验台的转动惯量 $J_1$

（1）测量 $\beta_1$。

用手轻轻拨动转动惯量仪的空载物台，使实验台有一初始转速并在摩擦力矩作用下做匀减速运动，按智能计时计数器进行测量，记录从光电门开始的第一圈时间 $t_1$ 和第 1、2、3、4 圈的累计时间 $t_4$，填入表 2-4-1，利用式（2-4-8）计算 $\beta_1$，重复以上步骤 4 次，求出其平均值作为 $\beta_1$ 的测量值。

（2）测量 $\beta_2$。

选择塔轮半径 $R$ 及砝码质量，将一端打结的细线沿塔轮上开的细缝塞入，并且不重叠地密绕于所选定半径的塔轮上，细线另外一端通过滑轮后连接砝码托盘上的挂钩，用手将空载物台稳住后，让载物台在砝码产生的恒力矩作用下从静止开始做匀加速转动，重复步骤（1），记录数据填入表 2-4-1 中，利用式（2-4-8）计算 $\beta_2$，求出其平均值作为 $\beta_2$ 的测量值。

由式（2-4-4）即可计算出 $J_1$ 的值。

2．测量被测物＋空实验台的转动惯量 $J_2$

将待测物（圆环）放在载物台上并使待测物的几何中心轴与转轴中心重合，按照步骤 1 测量 $J_1$ 的同样方法分别测量未加砝码时的角加速度 $\beta_3$ 与加砝码后的角加速度 $\beta_4$，由式（2-4-5）即可计算出 $J_2$ 的值。

3．被测物体的转动惯量 $J$

由式（2-4-6）可以计算出待测物（圆环）的转动惯量 $J$。

根据待测物（圆环）绕几何中心轴的转动惯量理论值为

$$J=\frac{m}{2}(R_{外}^2+R_{内}^2) \quad (2\text{-}4\text{-}10)$$

计算测量值的相对误差。

4．验证平行轴定理

将两个圆柱体对称插入载物台上与中心距离为 $d$ 的圆孔中，测量并计算两圆柱体在此位置的转动惯量。

圆柱体几何中心轴的转动惯量理论值为

$$J=\frac{1}{2}mR^2 \quad (2\text{-}4\text{-}11)$$

将测量值与式（2-4-9）、（2-4-11）进行比较，验证平行轴定理。

【数据记录和数据处理】

砝码的质量：$m=$　　（g）；$g=9.8$（$\mathrm{m/s^2}$）；塔轮的半径：$R_{塔轮}=$　　（cm）

圆盘直径 $d=$　　（cm）　圆盘质量 $M_1=$　　（g）

圆环内直径 $d_1=$　　（cm）　圆环外直径 $d_2=$　　（cm）

圆环质量 $M_2=$　　（g）

1．测量空实验台的转动惯量 $J_1$

表 2-4-1　空实验台的角加速度 $\beta_1$ 和 $\beta_2$ 数据记录

| 匀减速转动时 | | | | | | 匀加速转动时 | | | | | |
|---|---|---|---|---|---|---|---|---|---|---|---|
| 测量项目 | 1 | 2 | 3 | 4 | 5 | 测量项目 | 1 | 2 | 3 | 4 | 5 |
| $t_1$/s | | | | | | $t$/s | | | | | |
| $t_2$/s | | | | | | $k$ | | | | | |
| $\beta_1=\frac{2\pi(k_nt_m-k_mt_n)}{t_n^2t_m-t_m^2t_n}$ /(rad/s²) | | | | | | $\beta_2=\frac{2\pi(k_nt_m-k_mt_n)}{t_n^2t_m-t_m^2t_n}$ /(rad/s²) | | | | | |
| $\overline{\beta_1}$ /(rad/s²) | | | | | | $\overline{\beta_2}$ /(rad/s²) | | | | | |

空实验台的转动惯量 $J_1$：$J_1=\frac{mR(g-R\beta_2)}{\beta_2-\beta_1}=$　　（$\mathrm{kg\cdot m^2}$）

2. 测量被测物+空实验台的转动惯量 $J_2$

表 2-4-2　圆环+实验台的角加速度 $\beta_1$ 和 $\beta_2$ 数据记录

| 匀减速转动时 | | | | | | 匀加速转动时 | | | | | |
|---|---|---|---|---|---|---|---|---|---|---|---|
| 测量项目 | 1 | 2 | 3 | 4 | 5 | 测量项目 | 1 | 2 | 3 | 4 | 5 |
| $t_1$/s | | | | | | $t$/s | | | | | |
| $t_2$/s | | | | | | $k$ | | | | | |
| $\beta_3=\dfrac{2\pi(k_n t_m-k_m t_n)}{t_n^2 t_m-t_m^2 t_n}$ /(rad/s²) | | | | | | $\beta_4=\dfrac{2\pi(k_n t_m-k_m t_n)}{t_n^2 t_m-t_m^2 t_n}$ /(rad/s²) | | | | | |
| $\overline{\beta_1}$ /(rad/s²) | | | | | | $\overline{\beta_2}$ /(rad/s²) | | | | | |

圆环+实验台的转动惯量 $J_2$：$J_2=\dfrac{mR(g-R\beta_4)}{\beta_4-\beta_3}=$　　　　　（kg·m²）

3. 被测物体的转动惯量 $J$

根据 $J=J_2-J_1$，得圆环的转动惯量 $J_{圆环}=$　　　　　（kg·m²）

理论公式 $J=\dfrac{M_{圆环}}{2}(R_{外}^2+R_{内}^2)=\dfrac{1}{8}M_{圆环}(d_1^2+d_2^2)=$　　　　　（kg·m²）

测量值的相对误差 $E=\dfrac{J_{实验}-J_{理论}}{J_{理论}}\times100\%=$

4. 验证平行轴定理

按照 1～3 步骤，测量圆柱体的转动惯量 $J_{圆柱}$，再根据式（2-4-11）和（2-4-9）计算圆柱体的转动惯量 $J'_{圆柱}$，验证平行轴定理，比较二者求相对误差，数据表格自拟。

【问题讨论】

（1）本实验如何验证转动定律？

（2）采用本实验测量方法，对测量试样的转动惯量的大小有什么要求吗？

（3）验证平行轴定理时，为什么不用一个圆柱体而采用两个对称放置？

# 实验五　杨氏模量的测定

力作用于物体上所引起的效果之一是使受力物体发生形变，物体的形变可分为弹性形变和塑性形变，固体材料的弹性形变又可分为纵向、切变、扭转和弯曲。对于纵向弹性形变可引入杨氏模量来描述材料抵抗形变的能力，杨氏模量是表征固体材料性质的一个重要物理量，是工程设计上选用材料的重要参数之一，一般只与材料的性质和温度有关，与其几何形状无关。杨氏模量越大，越不容易发生形变。

测定杨氏模量的方法有很多，如拉伸法、弯曲法和动态法等。

## （一）拉伸法测金属丝的杨氏模量

### 【实验目的】

（1）学会用光杠杆放大法测量长度的微小变化量。

（2）学会测定金属丝杨氏弹性模量的一种方法。

（3）学习用逐差法处理数据。

### 【实验仪器】

杨氏弹性模量测量仪支架、光杠杆、砝码、千分尺、钢卷尺、标尺、灯源等。

### 【实验原理】

1．杨氏模量

物体在外力作用下，总会发生形变。在形变中，最简单的形变是柱状物体受外力作用时的伸长或缩短形变。本实验中形变为拉伸形变，即金属丝仅发生轴向拉伸形变。设金属丝的长度为 $L$，截面积为 $S$，沿长度方向受外力 $F$ 作用后伸长（或缩短）量为 $\Delta L$，单位横截面积上垂直作用力 $F/S$ 称为正应力，物体的相对伸长 $\Delta L/L$ 称为线应变。实验结果证明，在弹性范围内，正应力与线应变成正比，即

$$\frac{F}{S}=Y\frac{\Delta L}{L} \tag{2-5-1}$$

式中比例系数 $Y$ 称为杨氏弹性模量。在国际单位制中，它的单位为 $N/m^2$，在厘米克秒制中为达因/厘米 $^2$。它是表征材料抗应变能力的一个固定参量，完全由材料的性质决定，与材料的几何形状无关。

式（2-5-1）又可写作

$$Y=\frac{F}{S}\cdot\frac{L}{\Delta L}=\frac{4FL}{\pi d^2\Delta L} \tag{2-5-2}$$

式中 $d$ 为钢丝的直径。根据式（2-5-2），测出等号右边各量后，便可算出杨氏模量。其中 $L$（钢丝原长）可用米尺测量，$d$（钢丝的直径）可通过螺旋测微仪测量，$F$（外力）可由实验中钢丝下面数字拉力计得出，只有伸长量 $\Delta L$ 是一个微小长度变化，约 $10^{-1}$ mm 数量级，很难用普通测量长度仪器测准，故本实验采用光杠杆的光学放大作用来实现对金属丝微小伸长量 $\Delta L$ 的间接测量，实验装置如图 2-5-1 所示。

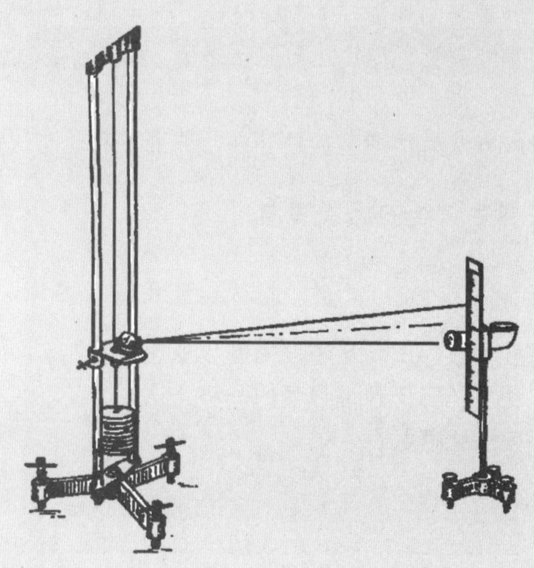

图 2-5-1　测量装置图

2．光杠杆原理

光杠杆是根据几何光学原理，设计而成的一种灵敏度较高的，测量微小长度或角度变化的仪器。光杠杆由镜架和镜面组成，它的装置如图 2-5-2 所示。

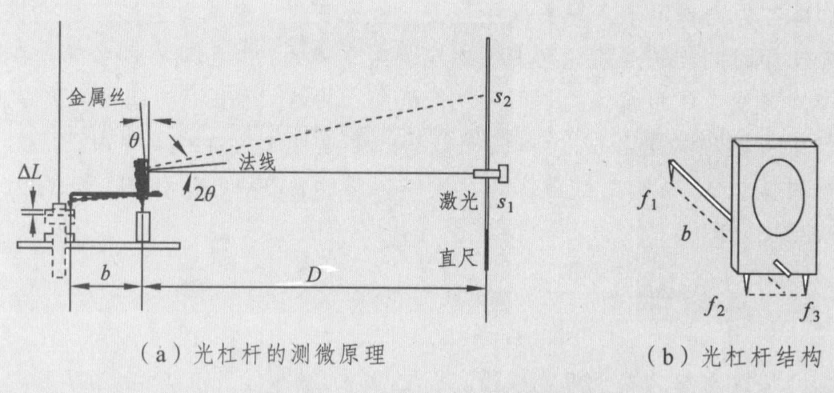


（a）光杠杆的测微原理　　（b）光杠杆结构

图 2-5-2　光杠杆放大原理图

激光器、直尺和光杠杆组成如图 2-5-2（a）所示的测量系统，其中光杠杆的结构见图 2-5-2（b），它实际上是附有三个尖足的平面镜。三个尖足的连线为一等腰三角形。前两足刀口与平面镜在同一平面内，后足在前两足刀口的中垂线上。

将光杠杆和激光器、直尺按图 2-5-2（a）所示放置好，按仪器调节顺序调好全部装置后，就会在直尺上看到经由光杠杆平面镜反射的一字形激光线。设开始时，光杠杆的平面镜竖直，即镜面法线在水平位置，在直尺上恰能看到激光线在 $s_1$ 处，增加钢丝的拉力使细钢丝受力伸长后，光杠杆的后脚尖 $f_1$ 随之下降 $\Delta L$，光杠杆平面镜转过一较小角度 $\theta$，法线也转过同一角度 $\theta$。根据反射定律，此时反射到直尺读数变为 $s_2$（$s_2$ 为标尺某一刻度），记 $s_1 - s_2 = \Delta x$，由图 2-5-2 可知

$$\tan\theta = \frac{\Delta L}{b}，\quad \tan 2\theta = \frac{\Delta x}{D}$$

式中，$b$ 为光杠杆常数（光杠杆后脚尖至前脚尖连线的垂直距离），$D$ 为光杠杆镜面至直尺的距离。由于偏转角度 $\theta$ 很小，即 $\Delta L \ll b$，$\Delta x \ll D$，所以近似地有

$$\theta \approx \frac{\Delta L}{b}，\quad 2\theta \approx \frac{\Delta x}{D}$$

则

$$\Delta L = \frac{b}{2D} \cdot \Delta x \tag{2-5-3}$$

由式（2-5-3）可知，微小变化量 $\Delta L$ 可通过较易准确测量的 $b$、$D$、$\Delta x$，间接求得。光杠杆的作用是将微小长度变化 $\Delta L$ 放大为标尺上的相应位置变化 $\Delta x$。

将式（2-5-3）代入式（2-5-2）得

$$Y = \frac{8FLD}{\pi d^2 b \Delta x} \tag{2-5-4}$$

通过式（2-5-4）即可求得钢丝的杨氏模量。

**【预习思考题】**

（1）本实验中各个长度量用不同的仪器来测量，是怎样考虑的？

（2）本实验求杨氏模量的公式，应满足哪些条件？

**【实验内容与步骤】**

1．仪器调节

（1）按图 2-5-1 安装仪器，调节支架底座螺丝，使底座水平（观察底座上的水准仪）。

（2）调节反射镜，使其镜面与托台大致垂直，再调光源的高低，使它与反射镜面等高。

（3）调节标尺铅直，调节光源透镜及标尺到镜面间的距离 $D$，使镜头刻线在标尺上的像清晰。再适当调节反射镜的方向、标尺的高低，使开始测量时光线基本水平，刻线成像大致在标尺中部。记下刻线像落在标尺上的读数为 $n$。

注意：此时仪器已调好，在测量时不能再调了！

2．测　量

（1）逐次增加拉力，每增加 1 倍的压力记下相应的标尺读数 $x_i$，共加拉力 8 次，将数据记录在表 2-5-1 中。

施加拉力时，动作要轻，防止因加拉力时使平面反射镜后尖脚处产生微小振动而造成读数起伏较大。

（2）用逐差法求出钢丝荷重增减 4 倍拉力时光标的平均偏移量 $\Delta x$。

（3）用钢卷尺测量上、下夹头间的钢丝长度 $L$，及反射镜到标尺的距离 $D$。

（4）将光杠杆反射镜架的三个足放在纸上，轻轻压一下，便得出三点的准确位置，然后在纸上将前面两足尖连起来，后足尖到这条连线的垂直距离便是 $b$，用米尺测量 $b$。

（5）用螺旋测微仪测量钢丝直径 $d$，由于钢丝直径可能不均匀，应在钢丝上、中、下各部进行测量。每位置在相互垂直的方向各测一次（共测量 6 次），将数据记录在表 2-5-2 中。

【数据记录与处理】

1．测钢丝的伸长量

表 2-5-1　钢丝的伸长量数据记录表

| 拉力 $F$/N | 标尺读数 $x_i$/mm | 逐差法处理数据 | | |
|---|---|---|---|---|
| | | 4 倍拉力偏移量 $\Delta x$/mm | | 4 倍拉力平均偏移量 $\overline{\Delta x}$/mm $\overline{\Delta x}=\frac{1}{4}(\Delta x_1+\Delta x_2+\Delta x_3+\Delta x_4)$ |
| $F$ | | $\Delta x_1=x_5-x_1$ | | |
| $2F$ | | | | |
| $3F$ | | $\Delta x_2=x_6-x_2$ | | |
| $4F$ | | | | |
| $5F$ | | $\Delta x_3=x_7-x_3$ | | |
| $6F$ | | | | |
| $7F$ | | $\Delta x_4=x_8-x_4$ | | |
| $8F$ | | | | |

2．测钢丝直径 $d$

表 2-5-2　钢丝直径数据记录表

零点读数 $d_0=$　　　　mm

| 次　数 | 读数值 $d$/mm | 测量值 $d=d'-d_0$/mm |
|---|---|---|
| 1 | | |
| 2 | | |
| 3 | | |
| 4 | | |
| 5 | | |
| 6 | | |
| 平均直径 $\overline{d}$/mm | | |

注：本实验室的螺旋测微计仪器误差取 0.004 mm。

$d$ 的 A 类不确定度分量 $U_{A(d)}=\sqrt{\frac{\sum(d_i-\bar{d})^2}{6-1}}=$______________（mm）

$d$ 的 B 类不确定度分量 $U_{B(d)}=\Delta_{仪}$，$U_{B(d)}=$______________（mm）

合成不确定度 $\Delta d=U_{C(\bar{d})}=\sqrt{U_{A(d)}^2+U_{B(d)}^2}=$______________（mm）

实验结果记为：

小球的直径 $d=\bar{d}\pm\Delta d=$______________（mm）

3．其他量的单次测量

表 2-5-3　其他量数据记录表

| 测量量 | 测量值/mm | 测量误差/mm |
|---|---|---|
| $L$ | | $\Delta L$ |
| $D$ | | $\Delta D$ |
| $b$ | | $\Delta b$ |

注：$\Delta D$ 和 $\Delta L$ 为米尺的测量误差，均取 0.5 mm，游标卡尺分度值为 0.02 mm，$\Delta b$ 取 0.02 mm。

4．杨氏模量的计算

钢丝的杨氏模量：$\bar{Y}=\frac{8FLD}{\pi\bar{d}^2b\overline{\Delta x}}=$______________$\mathrm{N/m^2}$

相对不确定度：$E_Y=\frac{\Delta L}{L}+\frac{\Delta D}{D}+2\frac{\Delta b}{b}+\frac{\Delta\overline{\Delta x}}{\overline{\Delta x}}=$

不确定度：$\Delta Y=Y\cdot E_Y=$______________$\mathrm{N/m^2}$

5．测量结果表达式

$Y=Y\pm\Delta Y=$______________$\mathrm{N/m^2}$

【问题讨论】

（1）为什么对 $D$、$L$、$b$ 只做单次测量，而对钢丝的直径 $d$ 要作多次测量？

（2）是否可以用作图法求杨氏弹性模量？如果以所加砝码的个数为横轴，以相应变化量为纵轴，所作图线应是什么形状？

【附表】

表 2-5-4　常见金属与合金的杨氏弹性模量

| 物质名称 | 杨氏弹性模量 /（$10^{10}$ N/m$^2$） | 物质名称 | 杨氏弹性模量 /（$10^{10}$ N/m$^2$） |
|---|---|---|---|
| 铝 | 7.0 | 铸铜（99.9%） | 7.44 |
| 铸铁（99.99%） | 13.8 | 精炼或韧炼铜（99.99%） | 8.00 |

续表

| 物质名称 | 杨氏弹性模量 /（$10^{10}$ N/m$^2$） | 物质名称 | 杨氏弹性模量 /（$10^{10}$ N/m$^2$） |
|---|---|---|---|
| 韧炼铁（99.99%） | 17.2 | 黄铜 | 11.0 |
| 钢 | 17.2 ~ 22.6 | 磷青铜 | 12.0 |
| 铂（韧炼 99.99%） | 14.7 | 锰铜 | 10.3 |
| 钨 | 34 | 康铜 | 15.2 |
| 铅（模砂铸造 99.73%） | 1.38 | 镍铬 | 21.0 |

## （二）动态悬挂法测金属丝的杨氏模量

杨氏模量是工程材料的一个重要物理参数，它标志着材料抵抗弹性形变的能力。采用静态拉伸法测量杨氏模量，由于拉伸时载荷大，加载速度慢，存在弛豫过程，故不能真实反映材料内部结构的变化；对脆性材料无法用这种方法测量，也不能测量在不同温度时的杨氏模量。因此，实验中也采用动态悬挂法测杨氏模量，动态悬挂法因其适用范围广、实验结果稳定、误差小而成为广泛采用的测量方法。

### 【实验目的】

（1）学会用动态悬挂法测量材料的杨氏模量。

（2）学习用外延法测量，处理实验数据。

（3）了解换能器的功能，熟悉测试仪器及示波器的使用。

### 【实验仪器】

动态杨氏模量测试台、动态杨氏模量测试仪、通用示波器、测试棒（铜、不锈钢）、悬线、专用连接导线、天平、游标卡尺、螺旋测微计等。

### 【实验原理】

用动态悬挂法测量金属材料杨氏模量的基本方法是，将一根截面均匀的试样（圆棒）用两根细丝悬挂在两只传感器（即换能器，一只激振，一只拾振）下面，在试样两端自由的条件下，激振信号通过激振传感器产生振动，并由拾振传感器检测出试样共振时的共振频率。然后测出试样的几何尺寸、密度等参数，即可求得试样材料的杨氏模量。根据棒的横振动方程

$$\frac{\partial^4 y}{\partial x^4}+\frac{-\rho S\partial^2 y}{YJ\partial t^2}=0 \tag{2-5-5}$$

式中：$y$ 为棒振动的位移；$Y$ 为棒的杨氏模量；$S$ 为棒的横截面积；$J$ 为棒的惯性矩；$\rho$ 为棒的密度；$x$ 为位置坐标；$t$ 为时间变量。

用分离变数法求解棒的横振动方程，令 $y(x,t)=X(x)T(t)$ 代入方程（2-5-5）得

$$\frac{1}{X}\frac{d^4X}{dx^4}=\frac{\rho S}{YJ}\frac{1}{T}\frac{d^2T}{dt^2}$$

可以看出，上式两边分别是两个独立变量 $x$ 和 $t$ 的函数，这只有在两端都等于同一个任意常数时才有可能成立，若设这个常数为 $K^4$，于是得

$$\frac{d^4X}{dx^4}-K^4X=0$$

$$\frac{d^2T}{dt^2}+\frac{K^4YJ}{\rho S}t=0$$

设棒中的每点都做简谐振动，解这两个线性常微分方程，得横振动方程（2-5-5）的通解为

$$y(x,t)=(A_1\mathrm{ch}K_x+A_2shK_x+B_1\cos K_x+B_2\sin K_x)\cos(\omega\cdot t+\varphi) \quad (2\text{-}5\text{-}6)$$

式中

$$\omega=(K^4YJ/\rho S)^{1/2} \quad (2\text{-}5\text{-}7)$$

式（2-5-7）称为频率公式。$A_1$，$A_2$，$B_1$，$B_2$，$\varphi$ 是待定系数，可由边界条件和初始条件确定。

只要用特定的边界条件定出常数 $K$，并将其代入棒的惯性矩 $J$，就可以得到具体条件下的计算公式了。对于长为 $L$，两端自由的棒，当悬线悬挂于棒的节点附近时，其边界条件为：自由端横向作用力为零

$$F=-\frac{\partial M}{\partial x}=-EJ\frac{\partial^3 y}{\partial x^3}=0$$

弯矩亦为零

$$M=EJ\frac{\partial^2 y}{\partial x^2}=0$$

即

$$\left.\frac{d^3X}{dx^3}\right|_{x=0}=0,\quad \left.\frac{d^3X}{dx^3}\right|_{x=L}=0,\quad \left.\frac{d^2X}{dx^2}\right|_{x=0}=0,\quad \left.\frac{d^2X}{dx^2}\right|_{x=L}=0$$

$L$ 为棒长，将边界条件代入通解得超越方程

$$\cos KL\cdot \mathrm{ch}KL=1 \quad (2\text{-}5\text{-}8)$$

用数值计算法得到方程（2-5-8）的根依次是：$K_nL=0$，4.730 0，7.853 2，10.995 6，14.137，14.279，20.420…此数列逐渐趋于表达式 $K_nL=(n-1/2)\pi$ 的值。

上述第一个根“0”相对应于静态值，第二个根记为 $K_1L=4.730\ 0$，与此相应的共振频率称为基频（或称固有频率）$\omega_1=2\pi f_1$，对于直径 $d$，长为 $L$，质量为 $m$ 的圆形棒，其惯性矩为 $J=Sd^2/16$，在基频 $f_1$ 下共振时，得棒的杨氏弹性模量 $Y$ 为

$$Y = 1.6067\frac{L^3 m f_1^2}{d^4} \tag{2-5-9}$$

测试棒在作基频振动时存在两个节点，它们的位置距离端面 $0.224L$（距离另一端面为 $0.776L$）处，理论上，悬挂点应取在节点处测试棒难于被激振和拾振，为此可在节点两旁选不同点对称悬挂，用外推法找出节点处的共振频率。

另外要明确的是，物体的固有频率 $f_{固}$ 和共振频率 $f_{共}$ 是两个不同的概念，它们之间的关系为

$$f_{固} = f_{共}\sqrt{1+\frac{1}{4Q^2}} \tag{2-5-10}$$

式中，$Q$ 为测试的机械品质因素。对于悬挂法测量，一般 $Q$ 的最小值约为 50，共振频率和固有频率相比只偏低 0.005%，本实验中只能测出测试的共振频率，由于两者相差很小。因此，固有频率可用共振频率代替。

【实验装置简介】

动态杨氏模量测试台的结构如图 2-5-3 所示。

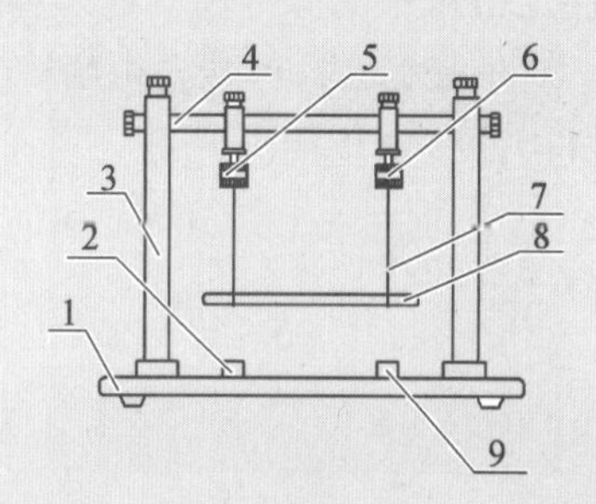


1—底板；2—输入插口；3—立柱；4—横杆；
5—激振器；6—共振器；7—悬线；
8—测试棒；9—输出插口。

图 2-5-3　动态杨氏模量测试台结构

由频率连续可调的音频信号源输出正弦电信号，经激振换能器转换为同频率的机械振动，再由悬线把机械振动传给测试棒，使测试棒作受迫横振动，测试棒另一端的悬线再把测试棒的机械振动传给拾振换能器，这时机械振动又转变成电该信号，信号经选频放大器的滤波放大，再送至示波器显示。

当信号源频率不等于测试棒的固有频率时，测试棒不发生共振，示波器几乎没有电信号波形或波形很小。当信号源的频率等于测试棒的固有频率时，测试棒发生共振，这时示波器上的波形突然增大，这时频率显示窗口显示的频率就是测试在该温度下的共振频率，代入式（2-5-9）即可计算该温度下的杨氏模量。

【预习思考题】

预习示波器的原理与使用。

【实验内容与步骤】

（1）测量测试棒的长度 $L$、直径 $d$、质量 $m$（也可由实验室给出），为提高测量精度，要求以上量均测量 3 ~ 5 次，填入表 2-5-5。

（2）测量测试棒在室温时的共振频率 $f_1$。

① 安装测试棒：按照图 2-5-3，将测试棒悬挂于两悬线之上，要求测试棒横向水平，悬线与测试棒轴向垂直，两悬线挂点到测试棒两端点的距离分别为 0.036 5$L$ 和 0.963 5$L$ 处，并处于静止状态。

② 连机：按图 2-5-4 将测试台、测试仪器、示波器之间用专用导线连接。

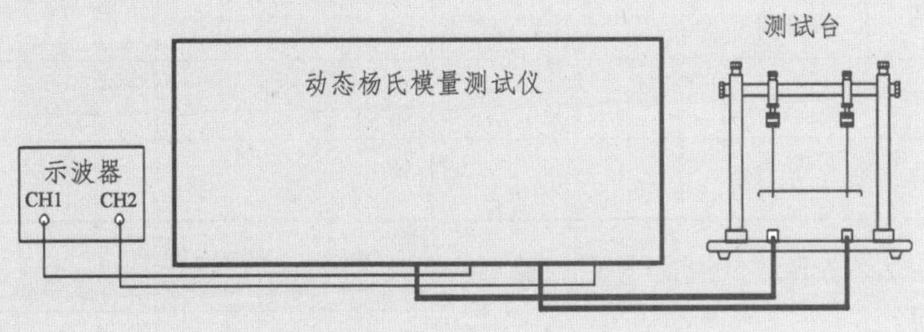


图 2-5-4 实验装置连接框图

③ 开机：分别打开示波器、测试仪的电源开关，调整示波器处于正常工作状态。

④ 鉴频与测量：待测试棒稳定后，调节“频率调节”粗、细旋钮，寻找测试棒的共振频率 $f_1$。当示波器荧光屏上出现共振现象时（正弦波振幅突然变大），再十分缓慢的微调频率调节细调旋钮，使波形振幅达到极大值。鉴频就是对测试共振模式及振动级次的鉴别，它是准确测量操作中的重要一步。在做频率扫描时，会发现测试棒不只在一个频率处发生共振现象，而所用式（2-5-9）只适用于基频共振的情况，所以要确认测试棒是在基频频率下共振。可用阻尼法来鉴别：若沿测试棒长度的方向轻触棒的不同部位，同时观察示波器，在波节处波幅不变化，而在波腹处，波幅会变小，并发现在测试棒上有两个波节时，这时的共振就是在基频频率下的共振，从频率显示屏上显示的频率值 $f_1$。

在测量好 0.036 5$L$ 和 0.963 5$L$ 处后，再分别按 0.099$L$ 和 0.901$L$ 一组，0.161 5$L$ 和 0.838 5$L$ 一组，0.224$L$ 和 0.776$L$ 一组，0.286 5$L$ 和 0.713 5$L$ 一组，0.349$L$ 和 0.651$L$ 一组，0.415$L$ 和 0.585$L$ 一组进行测量，并记录在表 2-5-6 中。

【数据记录与处理】

在实验上，由于悬线对测试棒的阻尼，所检测到的共振频率大小是随悬挂点的位置而变化的，换能器所拾取的是悬挂点的加速度共振信号，而不是振幅共振信号，并且所检测到的共振频率随悬线挂点到节点的距离增大而增大。若要测量测试棒的基频共振频率，只能将悬线挂在 $0.224L$ 和 $0.776L$ 节点处，但该节点处的振动幅度几乎为零，很难激振和检测，故采用外延测量法。所谓外延测量法，就是所需要的数据在测量数据范围之外，一般很难测量，为了求得这个值，采用作图外推求值的方法。即是先使用已测数据绘制出曲线，再将曲线按原规律延长到待求值范围，在延长线部分求出所要的值。本实验中就是以悬挂点位置为横坐标，以相对应的共振频率为纵坐标作出关系曲线，求得曲线最低点（即节点）所对应的频率即为试棒的基频共振频率 $f_1$。

表 2-5-5　不同材料数据记录

| 测试品材质 | 黄　铜 | 铝 | 不锈钢 |
| --- | --- | --- | --- |
| 截面直径 $d$/mm | | | |
| 样品长度 $L$/mm | | | |
| 样品质量 $m$/g | | | |
| 基频共振频率 $f_1$/Hz | | | |

表 2-5-6　悬挂点位置与共振频率的关系数据记录

| 序　号 | 1 | 2 | 3 | 4 | 5 | 6 | 7 |
| --- | --- | --- | --- | --- | --- | --- | --- |
| 悬挂点位置/mm | | | | | | | |
| 共振频率 $f_1$/Hz | | | | | | | |

将所测各物理量的数值代入式（2-5-9）计算出该测试棒的杨氏模量 $Y$。再利用不确定度传递估算相对不确定度和不确定度，并写出结果表达式。

附：

黄铜测试棒的基频共振频率：500 ~ 710 Hz，$Y = 0.8 \sim 1.10\times10^{11}$ N/m$^2$

不锈钢测试棒的基频共振频率：800 ~ 1 000 Hz，$Y = 1.5 \sim 2.0\times10^{11}$ N/m$^2$

【问题讨论】

（1）外延测量法有什么特点？使用时应注意什么问题？

（2）物体的固有频率和共振频率有什么不同？它们之间有何关系？

# 实验六　液体表面张力系数的测定

液体具有尽量缩小其表面的趋势，因为液体表面层如同张紧了的弹性橡皮膜一样具有收缩的趋势。在液体内部，这种沿着表面的、收缩液面的力称为表面张力。表面张力的存在能说明物质处在液态时所特有的许多现象：如清晨植物叶面上的露珠总是呈现球形；少量的水在干净的玻璃上总是扩展铺开，而少量的水银却在玻璃表面收缩成一个个的球形小液滴；泡沫的形成、栓塞和毛细现象等。液体表面张力是表征液体性质的一个重要参数，在工程技术上，如结晶、焊接、铸造、浮选、土壤保水和液体输运等方面，都要对表面张力系数进行研究和测量。

测量液体的表面张力系数常用方法有拉脱法、毛细管升高法和液滴测重法等，本实验采用拉脱法测定液体的表面张力系数。

## 【实验目的】

（1）学会对力敏传感器的灵敏度进行定标。

（2）了解和掌握力敏传感器的测量原理和测量方法。

（3）学会用拉脱法测纯水（或其他液体）的表面张力系数。

## 【实验仪器与材料】

表面张力系数测定实验台、数字电压表、玻璃皿、砝码、镊子、千分尺、游标卡尺。

## 【实验原理】

### 1. 力敏传感器

金属导体的电阻随其所受机械形变（伸长或缩短）的大小而发生变化，其原因是导体的电阻与材料的电阻率以及它的几何尺寸（长度和截面）有关。由于导体在承受机械形变过程中，其电阻率、长度和截面积都要发生变化，从而导致其电阻发生变化，因此电阻应变片能将机械构件上应力的变化转换为电阻的变化。

电阻应变片一般由敏感栅、基底、黏合剂、引线、盖片等组成。应变片的规格一般以使用面积和电阻值来表示。敏感栅由直径约 0.01 ~ 0.05 mm 高电阻系数的细丝弯曲成栅状，它实际上是一个电阻元件，是电阻应变片感受构件应变的敏感部分。敏感栅用黏合剂将其固定在基片上。基底应保证将构件上的应变准确地传送到敏感栅上去，故基底必须做得很薄（一般为 0.03 ~ 0.06 mm），使它能与试件及敏感栅牢固地黏结在一起；另外，它还应有良好的绝缘性、抗潮性和耐热性。基底材料有纸、胶膜和玻璃纤维布等。引出线的作用是将敏感栅电阻元件与测量电路相连接，一般由 0.1 ~ 0.2 mm 低阻镀锡铜丝制成，并与敏感栅两端输出端相焊接，盖片起保护作用。在测试时，将应变片用黏合剂牢固地粘贴在被测试件的表面上，随着试件受力变形，应变片的敏感栅也获得同样的形变，从而使电阻随之发生变化，通过测量电阻值的变化可反映出外力作用的大小。

如图 2-6-1 所示，压力传感器是将四片电阻分别粘贴在弹性平行梁的上下两表面适当的位置，梁的一端固定，另一端自由用于加载荷外力 $F$。弹性梁受载荷作用而弯曲，梁的上表面受拉，电阻片 $R_1$ 和 $R_3$ 亦受拉伸作用电阻增大，梁的下表面受压，$R_2$ 和 $R_4$ 电阻减小。这样，外力的作用通过梁的形变而使四个电阻值发生变化，这就是压力传感器。

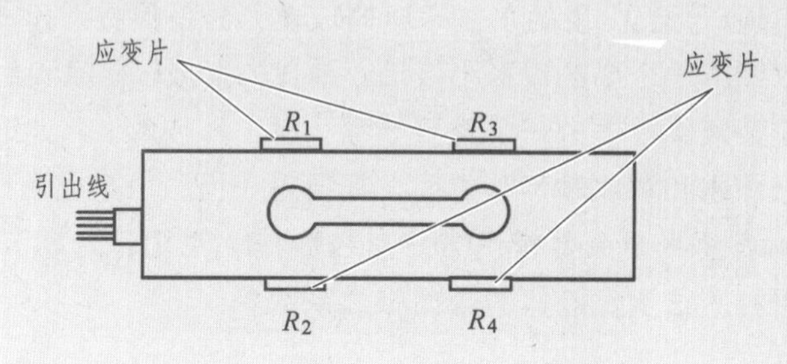


图 2-6-1　力敏传感器结构简图

应变片 $R_1=R_2=R_3=R_4$，由应变片组成的全桥测量电路，当应变片受到压力作用时，引起弹性体的形变，使得粘贴在弹性体上的电阻应受片 $R_1$、$R_2$、$R_3$ 和 $R_4$ 的阻值发生变化，电桥将产生输出，其输出电压正比于所受到的压力。

2．力敏传感器的压力特性

应变片可以把应变的变化转换为电阻的变化，为了显示和记录应变的大小，还需把电阻的变化再转化为电压或电流的变化，最常用的测量电路为电桥电路，为了消除电桥电路的非线性误差，通常采用非平衡电桥进行测量。

3．力敏传感器的灵敏度的定标

（1）按顺序增加砝码的数量（每次增加 200 mg），测传感器的输出电压 $U_{\mathrm{i}}$。

（2）再逐一减砝码，记下输出电压。

（3）用最小二乘法作直线拟合或逐差法求出传感器的灵敏度 $k$。

$$\Delta U = k \cdot \Delta F \tag{2-6-1}$$

式中 $\Delta F$ 为力的增量，$\Delta U$ 为相应的电压改变量，$k$ 为传感器的灵敏度。灵敏度的单位为 mV/N，它表示每增加 1 N 的力，力敏传感器的电压改变量为 $k$（mV）。由于压力传感器对力的测量的高度灵敏性，并且具有良好的线性和稳定性，所以通常用它来测量微小的力。

4．液体表面张力系数的测量

将一表面洁净的 U 形金属片框竖直地浸入液体中，令其底面保持水平，然后轻轻提起，由于表面张力的作用，金属片框四周将带起一部分液膜，液面呈弯曲形状，如图 2-6-2 所示。

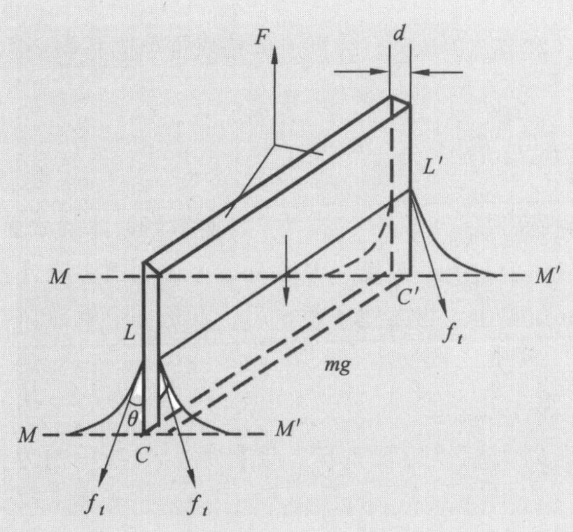


图 2-6-2　金属片所受水的表面张力的作用

在液体表面上作一条曲线，则曲线受两侧平衡的并与液体表面相切的表面张力的作用。在线性近似下，表面张力的大小与曲线的长度成正比，表面张力的大小与曲线长度的比值即为液体的表面张力系数。在实验中，将一个金属框固定在传感器上，该金属框浸没于液体中，由于液面的收缩而产生的沿着液面切线方向的力称为表面张力 $f_t$，表面张力 $f_t$ 与金属框所在面的夹角称为接触角 $\theta$，当把金属框缓慢从液体中拉起来时，接触角 $\theta$ 逐渐减小而趋于零，因此，表面张力的方向垂直向下。在金属框脱离液体前各力平衡的条件为

$$F = mg + f \tag{2-6-2}$$

式中，$F$ 为向上的提拉外力，$mg$ 是金属框和它所沾附的液体膜的重量。

金属框与液体接触的周界长为 $\Delta l$，则表面张力的大小为

$$f = \alpha \cdot \Delta l = 2\alpha \cdot (l + d) \tag{2-6-3}$$

式中，$\alpha$ 为表面张力系数，$l$ 为金属框的长度，$d$ 为金属框的厚度。

将式（2-6-3）代入式（2-6-2）中，得

$$\alpha = \frac{F - mg}{2(l + d)} \tag{2-6-4}$$

在实验中，金属框和液体面间形成一液体膜，在液面拉脱的瞬间，这个表面膜的拉力消失，此时金属框拉脱瞬间前后传感器受到的拉力差为

$$f = 2\alpha \cdot (l + d) \tag{2-6-5}$$

并以数字式电压表输出显示为

$$U_1 - U_2 = k \cdot f \tag{2-6-6}$$

式中，$k$ 为力敏传感器的灵敏度，$U_1$ 为金属框即将拉断液体膜前一瞬间数字电压表读数值，$U_2$ 为液体膜拉断后一瞬间数字电压表读数值。

由式（2-6-5）和式（2-6-6），得到液体的表面张力系数$\alpha$为

$$\alpha = \frac{U_1 - U_2}{2k \cdot (l + d)} \tag{2-6-7}$$

因此，只要测量出$U_1 - U_2$、$l$、$d$、$k$，就能得到液体的表面张力系数$\alpha$。表面张力系数$\alpha$与液体的种类、纯度、温度及它上方的气体成分有关。实验表明，液体温度愈高，$\alpha$值愈小。当上述条件一定，$\alpha$是一个常数。

【预习思考题】

（1）为什么要对力敏传感器定标？定标时，加砝码前为什么先要对仪器调零？

（2）实验时为什么要清洗金属框和玻璃器皿？为什么要记录实验时的液体温度？

【实验内容与步骤】

1．实验前准备

（1）将力敏传感器插头与测定仪主机面板插座相连。

（2）开机预热时间不少于 15 min。

（3）用酒精和蒸馏水依次清洗金属框和玻璃器皿。

（4）调节测试实验台底部三个水平调节螺钉，使实验台处于水平状态，如图 2-6-3 所示。

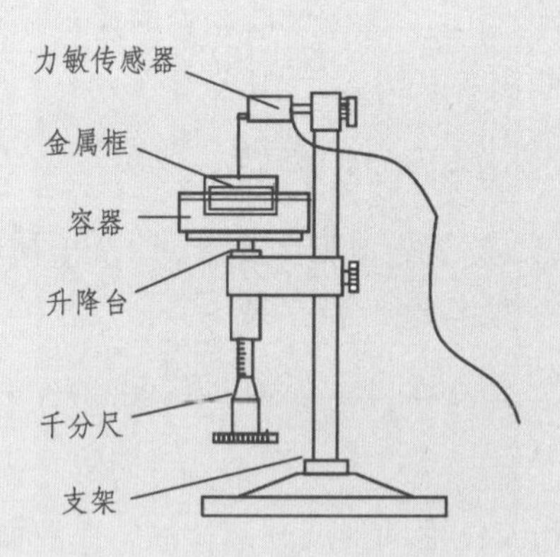


图 2-6-3　液体表面张力实验台

2．力敏传感器定标

（1）将砝码盘挂在传感器的悬挂钩上，旋转数字电压表的调零旋钮，将仪器显示值调零。

（2）在砝码盘上依次加入 5 g、10 g、15 g、20 g、25 g、30 g、35 g、40 g 砝码，从数字式电压表读出相对应的电压输出值，将数据记录在表 2-6-1 中。用最小二乘法作直线拟合或逐差法得出力敏传感器的灵敏度 $k$。

3．测定液体的表面张力系数

将洁净的金属框挂在传感器的悬挂钩上，在玻璃器皿中加入适量纯净水，转动升降螺钉，调节玻璃器皿下的升降台，使其渐渐上升，将金属框全部浸没于液体中，然后反向调节螺钉，使水面逐渐下降。记录即将拉断液体膜前瞬间数字电压表读数值 $U_1$ 和液体膜拉断后瞬间数字电压表读数值 $U_2$。在实验中可重复多次，记录多组数据，求其平均值，用温度计测出液体的温度，将数据记录在表 2-6-2 中。

根据式（2-6-7）求出液体的表面张力系数，并与标准值进行比较。

## 【数据记录与处理】

1．力敏传感器定标

表 2-6-1　力敏传感器定标数据记录

| 砝码质量/g | 5 | 10 | 15 | 20 | 25 | 30 | 35 | 40 |
|---|---|---|---|---|---|---|---|---|
| 力 $F$/N | | | | | | | | |
| 正向输出电压 $U$/mV | | | | | | | | |
| 反向输出电压 $U$/mV | | | | | | | | |
| 电压平均值 $U_i$/mV | | | | | | | | |

用最小二乘法作直线拟合或逐差法求出力敏传感器的灵敏度 $k=$____mV/N

2．测定液体的表面张力系数

表 2-6-2　液体的表面张力系数数据记录

| 次数 | $l$/mm | $d$/mm | $U_1$/mV | $U_2$/mV | $U_1-U_2$/mV | $\alpha=\dfrac{U_1-U_2}{2k\cdot(l+d)}$ /($10^{-3}$ N/m) |
|---|---|---|---|---|---|---|
| 1 | | | | | | |
| 2 | | | | | | |
| 3 | | | | | | |
| 4 | | | | | | |
| 5 | | | | | | |
| 6 | | | | | | |

液体的温度：______°C

【问题与讨论】

（1）如果金属框两臂不等长，悬挂后产生倾斜，对液体表面张力系数的测定有什么影响？

（2）在测量表面张力系数时，为什么金属框浸入液体中不易浸得太深？

【附表】

表 2-6-3　不同温度下与空气接触的水的表面张力系数

| 温度 $t$/°C | $\alpha$/($10^{-3}$ N/m) | 温度 $t$/°C | $\alpha$/($10^{-3}$ N/m) | 温度 $t$/°C | $\alpha$/($10^{-3}$ N/m) |
|---|---|---|---|---|---|
| 0 | 75.62 | 16 | 73.34 | 30 | 71.15 |
| 5 | 74.90 | 17 | 73.20 | 40 | 69.55 |
| 6 | 74.76 | 18 | 73.05 | 50 | 67.90 |
| 8 | 74.48 | 19 | 72.89 | 60 | 66.17 |
| 10 | 74.20 | 20 | 72.75 | 70 | 64.41 |
| 11 | 74.07 | 21 | 72.60 | 80 | 62.60 |
| 12 | 73.92 | 22 | 72.44 | 90 | 60.74 |
| 13 | 73.78 | 23 | 72.28 | 100 | 58.84 |
| 14 | 73.64 | 24 | 72.12 | | |
| 15 | 73.48 | 25 | 71.96 | | |

# 实验七　用力敏传感器测量物体的密度

密度是物质的基本属性之一，各种物质都具有其确定的密度。测定密度的方法很多，本实验学习用力敏传感器测量固体和液体密度的原理和方法。

【实验目的】

（1）测量应变的压力特性。

（2）利用力敏传感器测量固体和液体的密度。

【实验仪器与材料】

固体与液体密度综合测量仪、测试架、标准砝码、待测固体样品、液体容器等。

【实验原理】

1. 压力传感器

压力传感器是将四片电阻分别粘贴在弹性平行梁的上下两表面适当的位置，梁的一端固定，另一端自由用于加载荷外力 $F$。弹性梁受载荷作用而弯曲，梁的上表面受拉，电阻片 $R_1$ 和 $R_2$ 亦受拉伸作用电阻增大；梁的下表面受压，$R_3$ 和 $R_4$ 电阻减小。这样，外力的作用通过梁的形变而使四个电阻值发生变化，这就是压力传感器。应变片 $R_1=R_2=R_3=R_4$。

2. 压力传感器的压力特性

应变片可以把应变的变化转换为电阻的变化，为了显示和记录应变的大小，还需把电阻的变化再转化为电压或电流的变化，最常用的测量电路为电桥电路由应变片组成的全桥测量电路如图 2-7-1 所示，当应变片受到压力作用时，引起弹性体的变形，使得粘贴在弹性体上的电阻应受片 $R_1\sim R_4$ 的阻值发生变化，电桥将产生输出，其输出电压正比于所受到的压力。即

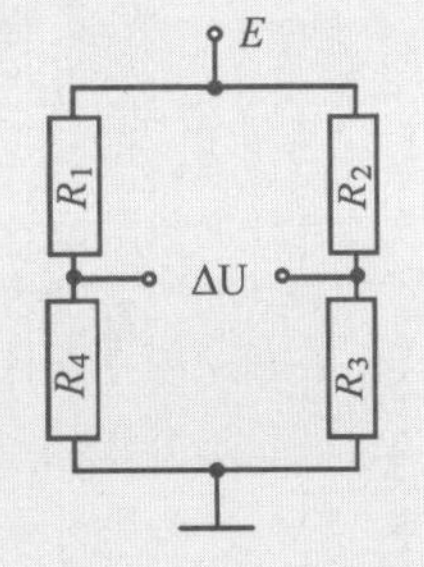

图 2-7-1　压力传感器

$$\Delta u=SF \tag{2-7-1}$$

式中，$F$ 为所承受的拉力，$\Delta u$ 为相应的电压改变量，系数 $S$ 为压力传感器的灵敏度。

3. 力敏传感器的灵敏度的定标

（1）按顺序增加砝码的数量（每次增加 10 g），测传感器的输出电压 $U_i$。

（2）再逐一减砝码，记下输出电压。

（3）用最小二乘法作直线拟合或逐差法求出传感器的灵敏度 $k$。

$$S=\frac{\Delta U}{\Delta F} \quad (2\text{-}7\text{-}2)$$

式中，$\Delta F$ 为力的增量，$\Delta U$ 为相应的电压改变量，$S$ 为传感器的灵敏度。灵敏度的单位为 mV/N，它表示每增加 1 N 的力，力敏传感器的电压改变量为 $S$（mV）。由于压力传感器对力的测量的高度灵敏性，并且线性和稳定性好，所以通常用它来测量微小的力。

4．固体密度的测量

不溶于水的待测固体的密度 $\rho$ 为其质量 $m$ 与体积 $V$ 之比，即

$$\rho=\frac{m}{V} \quad (2\text{-}7\text{-}3)$$

用流体静力称衡法测量待测固体密度，如图 2-7-2 所示，用硅力敏传感器式测力计分别测出其在空气中的重量 $mg$ 及浸没在水中的视重 $m_1g$。由阿基米德原理可知，其所受的浮力等于其所排开的液体的重量，即

$$F_{浮}=mg-m_1g=\rho_0Vg \quad (2\text{-}7\text{-}4)$$

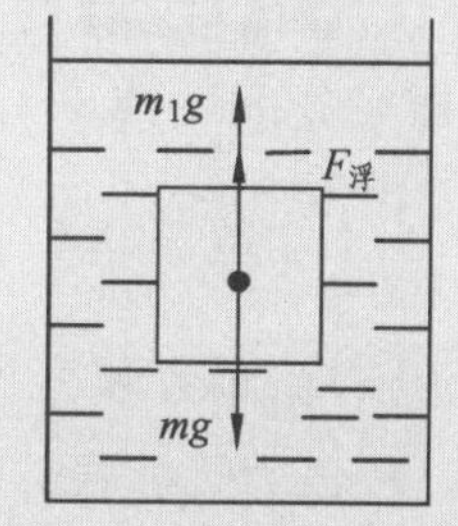

图 2-7-2　流体静力称衡法

式中，$V$ 为物体所排开同体积液体的体积，$\rho_0$ 为水的密度，$g$ 为重力加速度。

显然，由式（2-7-1）可知，用硅力敏传感器制成的测力计称量质量为 $m$ 物体的重量时，输出的电压 $U_1$ 为

$$U_1=Smg \quad (2\text{-}7\text{-}5)$$

当称量待测固体浸没在水中时，该物体的视重为 $m_1g$，其输出电压 $U_2$ 为

$$u_2=Sm_1g \quad (2\text{-}7\text{-}6)$$

在式（2-7-4）和式（2-7-5）中，$S$ 为压力传感器的灵敏度。由式（2-7-3）、（2-7-4）、（2-7-5）和（2-7-6）得待测固体的密度为

$$\rho_x=\frac{U_1}{U_1-U_2}\rho_0 \quad (2\text{-}7\text{-}7)$$

5．液体密度的测量

测量液体的密度需借助于既不溶于水，也不和待测液体发生化学反应的物体（如玻璃块等）。将密度均匀的固体样品浸没于待测液体中，如图 2-7-2 所示。由式（2-7-4）可得样品所受的浮力为：

$$F_{浮}=mg-m_3g=\rho_xVg \quad (2\text{-}7\text{-}8)$$

式中，$mg$ 为样品在空气中的重量，$m_3g$ 为样品浸没在待测液体中的视重，$\rho_x$ 为

待测液体的密度，$V$ 为样品所排开同体积液体的体积。

同理，由式（2-7-1）可得用称量样品浸没在待测液体中的视重 $m_3g$ 时，输出的电压 $U_3$ 为

$$U_3 = Sm_3g \tag{2-7-9}$$

查表可准确得到对应温度的水的密度 $\rho_0$，由式（2-7-4）可得固体样品的体积为

$$V = \frac{U_1 - U_2}{S\rho_0 g} \tag{2-7-10}$$

由式（2-7-8）、（2-7-9）、（2-7-10）可得

$$\rho_x = \frac{U_1 - U_3}{U_1 - U_2}\rho_0 \tag{2-7-11}$$

可见，用压力传感器采用静力称衡法，可以对固体、液体的密度进行测量，而且实现了将非电学的物理量微拉力测量转换为电压的测量。

【预习思考题】

写出用液体静力称衡法测定液体密度的基本原理和实验方法，推导测量公式。

【实验内容与步骤】

1．压力传感器的压力特性的测量

（1）将 100 g 肌张力传感器输出插座与实验仪面板上“传感器”插座相连，测量选择置于“内接”；将砝码盘挂在传感器挂钩上，接通电源，调节工作电压为 6 V；预热 15 min，待稳定后，挂上砝码盘，通过“调零旋钮”对 mV 表进行调零；在砝码盘中依次增加砝码的数量（每次增加 10 g）至 90 g，记录 mV 表对应的传感器输出电压，并填入表 2-7-1。

（2）按顺序减去砝码的数量（每次减去 10 g）至 0 g，记录传感器的输出电压并填入表 2-7-1。

（3）用最小二乘法作直线拟合或逐差法处理数据，求出灵敏度 $S$。

2．固体密度的测量

分别测出待测固体样品在空气中及浸没在水中时，数字 mV 电压表的读数值 $U_1$ 及 $U_2$；用温度计测量水的温度，查表得水的密度 $\rho_0$，利用公式（2-7-7）计算出固体的密度，填入表 2-7-2。

3．液体密度的测量

分别测出待测样品在空气中、浸没在水中及浸没在待测液体中数字 mV 电压表的读数 $U_1$、$U_2$ 及 $U_3$，并测出水的温度，查表得该温度时水的密度，利用式

（2-7-11）计算出液体的密度，填入表 2-7-3。

【数据记录与处理】

1．力敏传感器的压力特性的测量

表 2-7-1 力敏传感器灵敏度测量数据记录（$E=6$ V）

| $m$/g | 0 | 10 | 20 | 30 | 40 | 50 | 60 | 70 | 80 | 90 |
|---|---|---|---|---|---|---|---|---|---|---|
| 加 $\Delta U$/mV | | | | | | | | | | |
| 减 $\Delta U$/mV | | | | | | | | | | |
| 平均 $\Delta U$/mV | | | | | | | | | | |

用最小二乘法作直线拟合或逐差法处理数据，求出灵敏度 $S=$______（mV/N）

2．固体密度的测量

表 2-7-2 固体的密度测量数据记录

| | 1 | 2 | 3 | 4 | 5 | 6 | 7 | 8 |
|---|---|---|---|---|---|---|---|---|
| $U_1$/mV | | | | | | | | |
| $U_2$/mV | | | | | | | | |

水的温度：______℃

得待测固体的密度为：$\rho_x=\dfrac{U_1}{U_1-U_2}\rho_0=$________（$kg/m^3$），并计算不确定度。

表 2-7-3 液体的密度测量数据记录

| $m$/g | 1 | 2 | 3 | 4 | 5 | 6 | 7 | 8 |
|---|---|---|---|---|---|---|---|---|
| $U_1$/mV | | | | | | | | |
| $U_2$/mV | | | | | | | | |
| $U_3$/mV | | | | | | | | |

水的温度：______℃

得待测固体的密度为：$\rho_x=\dfrac{U_1-U_3}{U_1-U_2}\rho_0=$________（$kg/m^3$），并计算不确定度。

【问题讨论】

在测量密度时往往利用某种已知密度的液体（通常用蒸馏水）作为标准来与待测液体进行比较，采用这种办法有什么好处？

【附表】

表 2-7-4　国际温标纯水密表（kg/m$^3$）

| $t$/°C | 0 | 0.1 | 0.2 | 0.3 | 0.4 | 0.5 | 0.6 | 0.7 | 0.8 | 0.9 |
|---|---|---|---|---|---|---|---|---|---|---|
| 0 | 999.84 | 999.85 | 999.85 | 999.86 | 999.87 | 999.87 | 999.88 | 999.88 | 999.89 | 999.89 |
| 1 | 999.90 | 999.90 | 999.91 | 999.91 | 999.92 | 999.92 | 999.93 | 999.93 | 999.93 | 999.94 |
| 2 | 999.94 | 999.94 | 999.95 | 999.95 | 999.95 | 999.95 | 999.96 | 999.96 | 999.96 | 999.96 |
| 3 | 999.96 | 999.97 | 999.97 | 999.97 | 999.97 | 999.97 | 999.97 | 999.97 | 999.97 | 999.97 |
| 4 | 999.97 | 999.97 | 999.97 | 999.97 | 999.97 | 999.97 | 999.97 | 999.97 | 999.97 | 999.97 |
| 5 | 999.96 | 999.96 | 999.96 | 999.96 | 999.96 | 999.95 | 999.95 | 999.95 | 999.95 | 999.94 |
| 6 | 999.94 | 999.94 | 999.93 | 999.93 | 999.93 | 999.92 | 999.92 | 999.92 | 999.91 | 999.91 |
| 7 | 999.90 | 999.90 | 999.89 | 999.89 | 999.88 | 999.88 | 999.87 | 999.87 | 999.88 | 999.85 |
| 8 | 999.85 | 999.84 | 999.84 | 999.83 | 999.82 | 999.82 | 999.81 | 999.80 | 999.80 | 999.79 |
| 9 | 999.78 | 999.77 | 999.77 | 999.76 | 999.75 | 999.74 | 999.73 | 999.73 | 999.72 | 999.71 |
| 10 | 999.70 | 999.69 | 999.68 | 999.67 | 999.66 | 999.65 | 999.64 | 999.63 | 999.63 | 999.62 |
| 11 | 999.61 | 999.60 | 999.58 | 999.57 | 999.56 | 999.55 | 999.54 | 999.53 | 999.52 | 999.51 |
| 12 | 999.50 | 999.49 | 999.47 | 999.46 | 999.45 | 999.44 | 999.43 | 999.41 | 999.40 | 999.39 |
| 13 | 999.38 | 999.38 | 999.35 | 999.34 | 999.33 | 999.31 | 999.30 | 999.29 | 999.27 | 999.26 |
| 14 | 999.24 | 999.23 | 999.22 | 999.20 | 999.19 | 999.17 | 999.16 | 999.14 | 999.13 | 999.11 |
| 15 | 999.10 | 999.08 | 999.07 | 999.05 | 999.04 | 999.02 | 999.01 | 998.99 | 998.98 | 998.96 |
| 16 | 998.94 | 998.93 | 998.91 | 998.89 | 998.88 | 998.86 | 998.84 | 998.83 | 998.81 | 998.79 |
| 17 | 998.77 | 998.76 | 998.74 | 998.72 | 998.70 | 998.69 | 998.67 | 998.65 | 998.63 | 998.61 |
| 18 | 998.60 | 998.58 | 998.56 | 998.54 | 998.52 | 998.50 | 998.48 | 998.46 | 998.44 | 998.42 |
| 19 | 998.40 | 998.39 | 998.37 | 998.35 | 998.33 | 998.31 | 998.29 | 998.27 | 998.24 | 998.22 |
| 20 | 998.20 | 998.18 | 998.16 | 998.14 | 998.12 | 998.10 | 998.08 | 998.06 | 998.04 | 998.01 |

# 实验八　落球法测量液体的黏滞系数

液体黏滞系数又叫内摩擦系数或黏度。当液体流动时，平行于流动方向的各层流体速度都不相同，即存在着相对滑动，于是在各层之间就有摩擦力产生，这一摩擦力称为黏滞力，它的方向平行于两层液体的接触面，其大小与速度梯度及接触面积成正比，比例系数$\eta$就称为黏度，它是表征液体黏滞性强弱的重要参数。液体的黏滞性的测量是非常重要的，例如，现代医学发现，许多心血管疾病都与血液黏度的变化有关，血液黏度的增大会使流入人体器官和组织的血流量减少，血液流速减缓，使人体处于供血和供氧不足的状态，这可能引起多种心脑血管疾病和其他许多身体不适症状。因此，测量血黏度的大小是检查人体血液健康的重要标志之一。又如，石油在封闭管道中长距离输送时，其输运特性与黏滞性密切相关，因而在设计管道前，必须测量被输石油的黏度。

各种实际液体具有不同程度的黏滞性。测量液体黏度有落球法、毛细管法、转筒法等方法。其中落球法适用于测量黏度较高的透明或半透明的液体。本实验所采用的落球法是一种绝对法测量液体的黏度。如果一小球在黏滞液体中铅直下落，由于附着于球面的液层与周围其他液层之间存在着相对运动，因此小球受到黏滞阻力，它的大小与小球下落的速度有关。当小球做匀速运动时，测出小球下落的速度，就可以计算出液体的黏度。

## 【实验目的】

（1）学习用落球法测液体的黏滞系数。
（2）熟悉运用基本仪器测量长度、质量和时间。

## 【实验仪器与材料】

液体黏滞系数实验仪、数字计时器、量筒、物理天平、直尺、千分尺、数字温度计、小钢球、甘油。

## 【实验原理】

当光滑的金属小球在均匀的静止黏性液体中下落时，它受到三个铅直方向的力：小球的重力$mg$（$m$为小球质量）、液体作用于小球的浮力$\rho gV$（$V$是小球体积，$\rho$是液体密度）和黏滞阻力$F$（它是由黏附在小球表面的液层与邻近液层的摩擦而产生的，其方向与小球运动方向相反）、如果液体无限深广，在小球下落速度$v$较小情况下，有

$$F = 6\pi\eta rv \tag{2-8-1}$$

式（2-8-1）称为斯托克斯公式，式中$r$是小球的直径，$\eta$是液体的黏度，$v$是小

球的速度。在国际单位中，$\eta$ 的单位是 Pa・s（帕・秒）。在厘米、克、秒制中，其单位是 P（泊）或厘泊（cP），它们之间的换算关系是

$$1\ \mathrm{Pa\cdot s}=10\ \mathrm{P}=1\ 000\ \mathrm{cP}$$

小球开始下落时，由于速度尚小，所以阻力也不大；但随着下落速度的增大，阻力也随之增大、最后，三个力达到平衡，小球以恒定速度（收尾速度）匀速下落，即

$$mg=\rho gV+6\pi\eta vr \tag{2-8-2}$$

由上式可得：

$$\eta=\frac{(m-V\rho)g}{6\pi vr} \tag{2-8-3}$$

设小球的直径为 $d$，并将 $m=\frac{\pi}{6}d^3\rho_0$，$v=\frac{l}{t}$，$r=\frac{d}{2}$ 代入式（2-8-3）得

$$\eta=\frac{(\rho_0-\rho)gd^2t}{18l} \tag{2-8-4}$$

其中 $\rho_0$ 为小球材料的密度，$l$ 为小球匀速下落的距离，$t$ 为小球下落 $l$ 距离所用的时间。

实验时，待测液体必须盛于容器中（见图 2-8-1），故不能满足无限深广的条件，实验证明，若小球在直径为 $D$ 的铅直圆形筒里沿中心轴线下降，考虑到器壁的影响，对式（2-8-4）须做如下修正方能符合实际情况：

$$\eta=\frac{(\rho_0-\rho)gd^2t}{18l}\cdot\frac{1}{\left(1+2.4\frac{d}{D}\right)\left(1+1.6\frac{d}{H}\right)} \tag{2-8-5}$$

式中 $D$ 为容器内径，$H$ 为液柱高度。

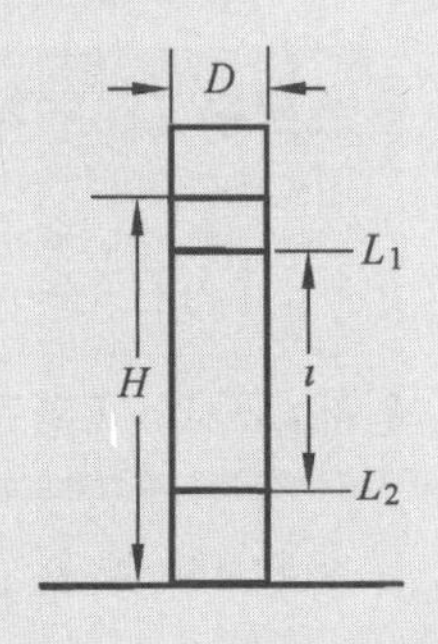


图 2-8-1　实验原理图

实验时小球下落速度若较大，例如气温及油温较高，钢珠从油中下落时，可能出现湍流情况，式（2-8-5）不再成立，此时要做另一个修正，这里不再赘述。

【预习思考题】

（1）落球法能否用于低黏度液体的黏滞系数测量？为什么？

（2）为什么小球放进液体时，应尽量靠近待测液体表面并使其沿圆筒的中心轴线下落？

【实验内容与步骤】

1．调整黏滞系数测定仪及实验准备

（1）如图 2-8-2 所示，调节实验仪底盘螺栓，使底盘保持基本水平。

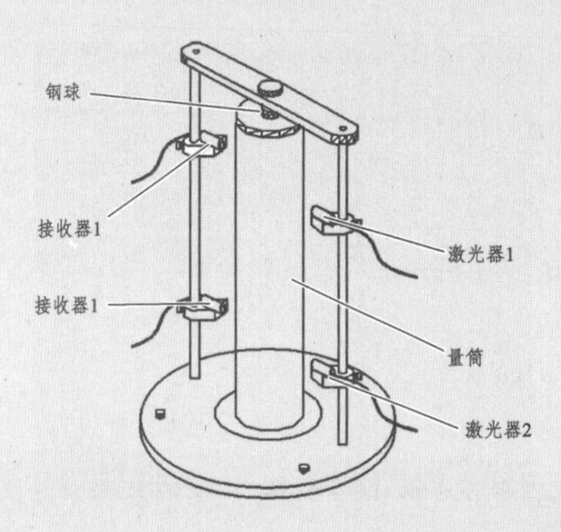


图 2-8-2　液体黏滞系数实验仪

（2）将实验装置上的上、下两个激光器连接到数字计算器上，接通电源，并可看见其发出红光。

（3）将盛有被测液体（如甘油）的量筒放置到实验装置底盘中央，并在实验中保持位置不变、在仪器横梁中间部位放置小磁钢及重锤部件，调节上、下两个激光器及接收器，使红色激光束平行地对准重锤线后收回小磁钢及重锤部件。

（4）在实验装置上放置导球管、小球用酒精清洗干净，并用滤纸吸干残液，备用。

（5）将小球放入导球管，下落过程中，观察其是否能阻挡光线并计数，若不能，重复步骤（3）。

2．待测液体的温度测量

用数字温度计测量油温，在全部小球下落完后再测量一次油温，取平均值作为实际油温。

3．质量和长度的测量

用游标卡尺测量圆筒的内径 $D$，用米尺测量油柱深度 $H$。用天平测量 10～20 颗小钢球的质量 $m$；用螺旋测微计测小钢球的直径并记录在表 2-8-1 中，计算小钢球的密度 $\rho_0$。

4．下落小球匀速运动速度的测量

（1）插接好光电接收器插头，使激光器红色激光束正好射在光电接收器的接收小孔中，并依次遮光检查其工作状况，使其能准确计时。

（2）按功能键选择适当的量程，按复位键清零、将小球放入导球管，当小球落下，阻挡上面的红色激光束时，光线受阻，此时数字计时器的启动开关开始计时，到小球下落到阻挡下面的红色激光束时，数字计时器的启动开关计时停止，此时即可读出下落时间，重复测量 6 次以上，求平均值。

（3）测量上、下二个激光束之间的距离， 移开量筒，将米尺置于上、下二个激光束之间，测出上、下二个激光束之间的距离 $l$。

（4）将各小球下落相同距离 $l$ 和所用的时间 $t$ 记录在表 2-8-2 中。

5．计算待测液体（甘油）的黏度。

按照式（2-8-5）计算待测液体的黏滞系数，并将测量结果与公认值进行比较。（20 °C 时甘油的黏度为 $1.499 \times 10^5$ Pa・s）

【数据记录与处理】

所测液体名称：________；　实验时液体温度 $t =$ ________°C；液体的密度 $\rho =$ ______（g/cm$^3$）；量筒内直径 $D =$ ______（cm）；液体的高度 $H =$ ______（cm）

1．小球质量的测定

10 个小球总质量 = ________（g）

小球平均质量 $\bar{m}$ = ________（g）

2．小球直径的测定

表 2-8-1　小钢球直径测量数据记录

螺旋测微器零点读数 $d_0 =$ ______（mm）

| 各小球 | 1 | 2 | 3 | 4 | 5 | 6 | 7 | 8 | 9 | 10 |
|---|---|---|---|---|---|---|---|---|---|---|
| 螺旋测微器读值 $d$/mm | | | | | | | | | | |
| 小钢球实际直径 $d_i = d - d_0$/mm | | | | | | | | | | |
| 直径平均值 $\bar{d}$/mm | | | | | | | | | | |

3．小钢球密度 $\rho_0$ 的计算

根据密度公式计算钢球密度 $\rho_0 = \dfrac{\bar{m}}{V} = \dfrac{6\bar{m}}{\pi \cdot \bar{d}^3} =$ __________（g/cm$^3$）

4. 小钢球匀速下落距离 $l$ 所用时间

表 2-8-2 各小钢球下落时间

小钢球下落距离 $l$ = ________（cm）

| 各小球/cm | 1 | 2 | 3 | 4 | 5 | 6 | 7 | 8 | 9 | 10 |
|---|---|---|---|---|---|---|---|---|---|---|
| 下落时间 $t$/s | | | | | | | | | | |
| 平均下落时间 $\overline{t}$/s | | | | | | | | | | |

5. 计算待测液体（甘油）的黏度

根据 $\eta=\dfrac{(\rho_0-\rho)gd^2t}{18l}\cdot\dfrac{1}{\left(1+2.4\dfrac{d}{D}\right)\left(1+1.6\dfrac{d}{H}\right)}$，计算待测液体的黏滞系数，并将测量结果与公认值进行比较求百分误差。

【问题讨论】

（1）如何判断小球在做匀速运动?

（2）用激光光电开关测量小球下落时间的方法测量液体黏滞系数有何优点?

（3）试分析选用不同半径的小球作此实验时，对实验结果有何影响?

# 第三章 电磁学实验

操作视频

## 实验一　模拟法描绘静电场

静止的带电导体在空间会产生稳定的电场分布静电场，各种示波器、电子显微镜的电子枪等多种电子束器件的设计和研究，以及化学电镀、静电喷涂等工艺技术都需要了解各电极或导体间的电场分布。在一般情况下，用数学方法（解析法和数值计算法）求解静电场是比较复杂和困难的，因此往往借助于实验进行测量，而直接测量静电场的分布很困难，首先，测量仪器只能采用静电式仪表，但一般用的磁电式电表，有电流才有反应，而静电场不会有电流，自然不起作用；其次，因为测量仪表引入电场会因静电感应作用使原静电场发生变化。为此，常用恒定电流场模拟静电场的方法间接测量静电场，即根据测量结果描绘的恒定电流场的分布来反映对应的静电场的分布，此种实验方法叫作“模拟法”。

【实验目的】

（1）学习用模拟法测定电场分布的原理和方法。

（2）加深对电场强度和电势的理解。

（3）描绘给定的模拟电场的等势线和电力线。

【实验仪器与材料】

模拟静电场实验仪（包括电源、数字电压表、同轴柱面电极、长平行板电极、长平行导线电极、探针、连接线等）。

【实验原理】

1．静电场分布的描绘

电场强度和电势是描述电场特性的两个基本物理量。电场的空间分布，可以通过电场强度的分布，也可通过电势的分布来描写。由于标量在测量和计算上比矢量要简单，所以常常先把电势的分布描绘出来，即用模拟法测定电场中等势面的分布，利用电场线和等势面的关系，绘出电场线。根据电场线疏密程度和弯曲情况，利用场强矢量和电势梯度的关系，就可以分析得知各处场强的强弱和方向。

2．用稳恒电流场模拟静电场

如果有两个物理现象或过程所遵从的规律形式上相似，即可利用其相似性，对容易测量和控制的现象或过程进行研究，以代替对不易测量和控制的现象或过程的研究，用稳压电流场模拟静电场，是研究静电场的一种即简便又可靠的办法。

根据电磁学理论可知，对于导电媒质中的稳恒电流场的无源区域，电流密度矢量 $\boldsymbol{J}$ 满足：

$$\oint \vec{J} \cdot \mathrm{d}\vec{S} = 0\,,\ \oint \vec{J} \cdot \mathrm{d}\vec{l} = 0 \tag{3-1-1}$$

电介质中的静电场，在无源区域，电场强度 $\boldsymbol{E}$ 满足：

$$\oint \vec{E} \cdot d\vec{S} = 0\,,\ \oint \vec{E} \cdot \mathrm{d}\vec{l} = 0 \tag{3-1-2}$$

由此可见，电流场中的电流密度矢量 $\boldsymbol{J}$ 和静电场中的电场强度矢量 $\boldsymbol{E}$ 遵从的物理规律具有相同的数学形式，所以这两种场具有相似性。在相似的场源分布和相似的边界条件下，它们的解的表达式具有相同的数学形式，所以，我们用稳恒电流场来模拟静电场，用电流场中电势分布来模拟静电场中的电势分布。

在实验中用稳恒电流场模拟静电场时，必须注意模拟法的适用条件：

（1）电极必须是良好的导体，导电介质的电导率也不宜太大，且要均匀。

（2）电流场中的导电介质分布要等效于静电场中的介质分布。

（3）测定导电介质中的电势时，要保证探测电极支路中无电流流过。

3．同轴圆柱形电极间电场的模拟

一根同轴圆柱形电极，如图 3-1-1 所示，A 为中心电极，B 为同轴外电极。将同轴圆柱形电极置于导电介质中，在 A、B 电极间加上电压 $U_0$（内电极 A 接电源正极，外电极 B 接负极），由于电极是对称的，电流将均匀地沿径向从内电极 A 流向外电极 B。两个电极之间的电流场所形成的同心圆等势线就可以模拟一个“无限长”均匀带电圆柱体所形成的等势面。“无限长”均匀带电的同轴导体间的电场强度为

$$E = \frac{\lambda}{2\pi\varepsilon r} \tag{3-1-3}$$

式中，$\lambda$ 为导体上线电荷密度，$\varepsilon$ 为电介质的介电常量，$r$ 为两导体间任意一点的半径。

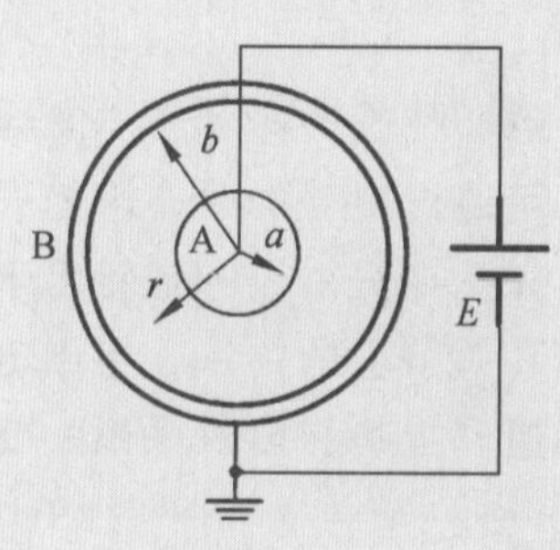


图 3-1-1　同轴圆柱形电极间电场的模拟

设 $r_0$ 为内电极半径，$R_0$ 为外电极的内半径，则两导体之间的电势差 $U_0$ 为

$$U_0=\int_{r_0}^{R_0}E\mathrm{d}r=\int_{r_0}^{R_0}\frac{\lambda}{2\pi\varepsilon r}\mathrm{d}r=\frac{\lambda}{2\pi\varepsilon}\ln\frac{R_0}{r_0} \tag{3-1-4}$$

即

$$\frac{\lambda}{2\pi\varepsilon}=\frac{U_0}{\ln\frac{R_0}{r_0}} \tag{3-1-5}$$

两电极间任一点 $P$ 与外电极之间的电势差 $U$ 为

$$U_r=\int_{r}^{R_0}E\mathrm{d}r=\int_{r}^{R_0}\frac{\lambda}{2\pi\varepsilon r}dr=\frac{\lambda}{2\pi\varepsilon}\ln\frac{R_0}{r} \tag{3-1-6}$$

将式（3-1-5）代入式（3-1-6）得

$$U_r=\frac{U_0}{\ln\frac{R_0}{r_0}}\ln\frac{R_0}{r} \tag{3-1-7}$$

式（3-1-7）表明，由于 $r_0$、$R_0$、$U_0$ 均已知，只要知道两电极间 $P$ 点所在位置的半径 $r$，就可以得到 $P$ 点所在等势面与外电极 B 之间的电势差 $U_r$。

【预习思考题】

（1）本实验用什么场来模拟静电场的？理论依据是什么？模拟的条件是什么？

（2）电场线与等势线有什么关系？

【实验内容与步骤】

1．描绘同轴圆柱电极之间的静电场分布

（1）按图 3-1-2 所示仪器连接成电流场回路和测量回路。

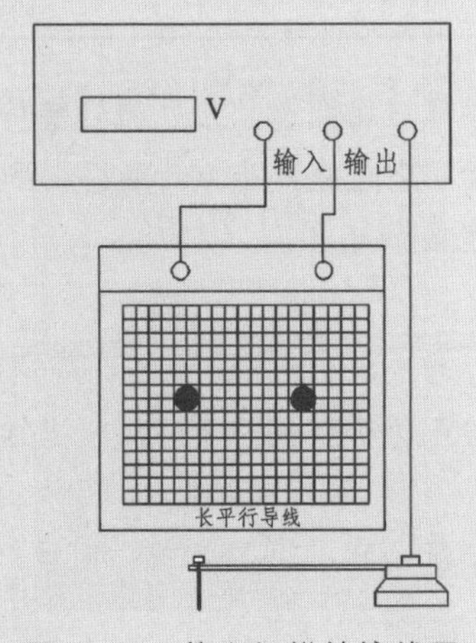


图 3-1-2　静电场描绘接线图

（2）在电极间注入导电介质自来水。

（3）用金属探针在电极间探出电位相同的各点且记下它们在电极坐标系的位置，在备好的坐标纸上描出相对应的点，分别绘出 9 V、7 V、5 V、3 V 的等势线（要求每组等势线至少测 8 ~ 12 个等势点，注明等势线的电势值）。

（4）根据所得的等势线，量出各等势线的半径 $r$，并分别求其平均值。对同轴电极进行理论值和实际值的比较，算出误差，并分析原因。

（5）根据等位线和电力线互相垂直的关系画出各组电极的电力线。

2．描绘平行长圆柱电极之间的静电场分布

按照步骤 1 完成等势线和电场线的描绘。

3．描绘平行板电极之间的静电场分布

按照步骤 1 完成等势线和电场线的描绘。

## 【数据记录与处理】

描绘同轴圆柱电极之间的静电场分布：

（1）测量同轴圆柱（圆筒）电极间的电场分布（用游标卡尺分别测量内电极和外电极的半径 $r_0$ 和 $R_0$）。

表 3-1-1　同轴电极的测量值与理论值对比

内电极（圆柱）的半径 $r_0$ = ________（cm）；外电极（圆环）的内半径 $R_0$ = ________（cm）

| $U_{实}$/V | 9 | 7 | 5 | 3 |
|---|---|---|---|---|
| $r$/cm | | | | |
| $U_{理}=\dfrac{U_0}{\ln\dfrac{R_0}{r_0}}\ln\dfrac{R_0}{r}$ /V | | | | |
| $E_r=\dfrac{U_{实}-U_{理}}{U_{理}}\times 100\%$ | | | | |

（2）作图。用平滑曲线连接每组等势点，得到等势线；再根据电力线与等势线的关系画出电场线，并标明电场线的方向，最终得到一张完整的带等量异号电荷的同轴圆柱电极间的静电场分布图。

## 【问题讨论】

（1）将两电极间电压的正负极交换一下，对所描绘出的等势线、电场线有无影响？

（2）如果将电源电压增加一倍，则等势线、电场线的形状是否发生变化？

# 实验二　电表改装与校准

电表在电测量中有着广泛的应用，电流表（表头）由于构造的原因，一般只能测量较小的电流和电压，如果要用它来测量较大的电流或电压，就必须进行改装，以扩大其量程。经过改装后的表头具有测量较大电流、电压和电阻等多种用途。万用电表的原理就是对微安表头进行多量程改装而来，在电路的测量和故障检测中得到了广泛的应用。

## 【实验目的】

（1）测量表头内阻 $R_g$ 及满度电流 $I_g$。

（2）学会将表头改成较大量程的电流表和电压表的方法。

（3）学会校准电流表和电压表的方法。

（4）设计一个 $R_{中}=1\,500\ \Omega$ 的欧姆表，要求在 1.3 ~ 1.6 V 范围内使用能调零。

（5）用电阻器校准欧姆表，画校准曲线，并根据校准曲线用组好的欧姆表测未知电阻。

## 【实验仪器与材料】

表头、标准电流表、标准电压表、电阻箱、滑线变阻器、直流电源、固定电阻、开关、导线等。

## 【实验原理】

常见的磁电式电流计是一种精密的电学测量仪表，主要由放在永久磁场中的细漆包线绕制的可以转动的线圈、用来产生机械反力矩的游丝、指示用的指针和永久磁铁所组成。当电流通过线圈时，载流线圈在磁场中就产生一磁力矩 $M_{磁}$，使线圈转动，从而带动指针偏转。线圈偏转角度的大小与通过的电流大小成正比，所以可由指针的偏转直接指示出电流值。

电流计允许通过的最大电流称为电流计的量程，用 $I_g$ 表示，电流计的线圈有一定内阻，用 $R_g$ 表示，$I_g$ 与 $R_g$ 是两个表示电流计特性的重要参数。

### 1. 表头内阻 $R_g$ 的测定

要改装电表，必须要知道电表的内阻。测量内阻 $R_g$ 的方法很多，下面仅介绍替代法和中值法。

（1）替代法。

按照图 3-2-1，将被测电表接在电路中读取标准表的电流值，然后切换开关 $K$ 的位置，用十进位电阻箱 $R_2$ 替代被测表，调节 $R_2$ 电阻值，当电路中的电压不变时，使流过标准表的读数亦保持不变，则 $R_2$ 的电阻值即为被测电表内阻 $R_g$。

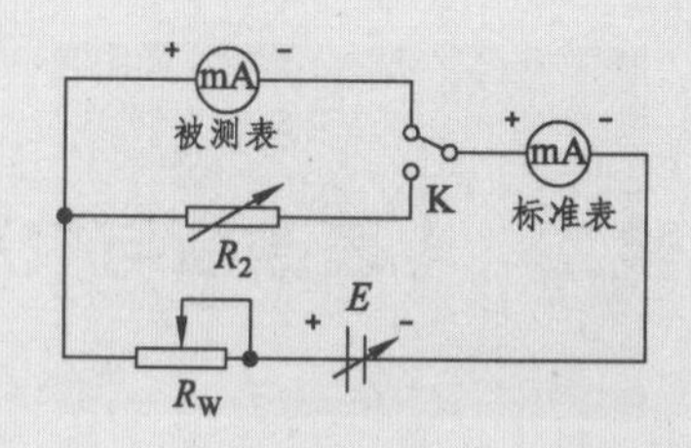


图 3-2-1　替代法测电表内阻原理图

替代法是一种运用很广的测量方法，具有较高的测量准确度。

（2）中值法（也称半值法）。

测量原理见图 3-2-2，开关 K 先断开，当被测电表接在电路中时，调节可调电阻 $R_W$ 使被测电表满偏，此时保持电路其他参数不变，用十进位电阻箱 $R_2$ 与电流计并联，闭合开关 K，改变分流电阻值 $R_2$，当被测电表指针指示到中间值，即流过被测电表的电流为 $I_g/2$，且总电流保持不变时，分流电阻 $R_2$ 就等于被测电表的内阻 $R_g$。

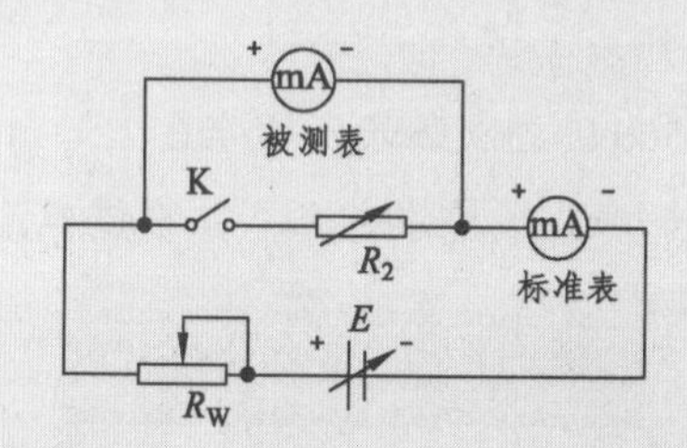


图 3-2-2　中值法测电表内阻原理图

2．改装为大量程电流表

表头只能用来测量小于其量程的电流，如要测量超过其量程的电流，就必须扩大其量程。根据电阻并联规律可知，如果在表头两端并联上一个阻值适当的电阻 $R_2$，如图 3-2-3 所示，可使表头不能承受的那部分电流从 $R_2$ 上分流通过。这种由表头和并联电阻 $R_2$ 组成的整体（图中虚线框部分）就是改装后的电流表。如需将量程扩大 $n$ 倍，则不难得出需并联的电阻值为

$$R_2=\frac{R_g}{n-1} \tag{3-2-1}$$

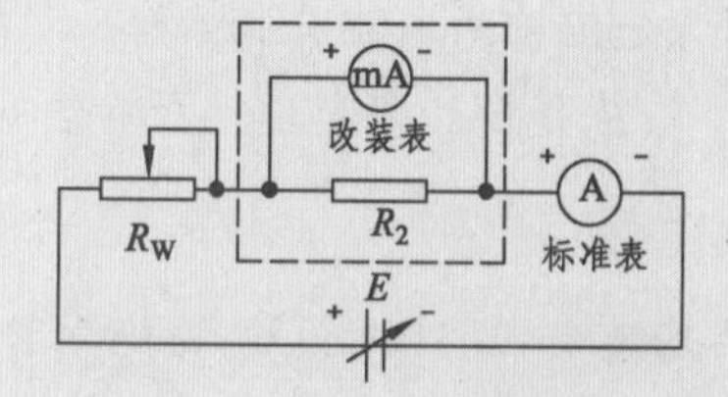


图 3-2-3　改装电流表原理图

用电流表测量电流时，电流表应串联在被测电路中，所以要求电流表应有比较小的内阻。另外，在表头上并联阻值不同的分流电阻，便可制成多量程的电流表。

3．改装为电压表

一般表头能承受的电压很小，不能用来测量较大的电压。为了测量较大的电压，可以给表头串联一个阻值适当的电阻 $R_M$，如图 3-2-4 所示，使表头上不能承受的那部分电压降落在电阻 $R_M$ 上。这种由表头和串联电阻 $R_M$ 组成的整体就是电压表，串联的电阻 $R_M$ 叫作扩程电阻。选取不同大小的 $R_M$，就可以得到不同量程的电压表。由图 3-2-4 可求得扩程电阻值为

$$R_M = \frac{U}{I_g} - R_g \tag{3-2-2}$$

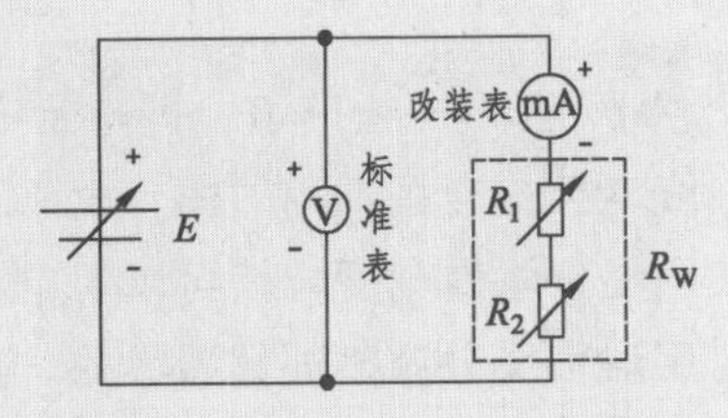


图 3-2-4　改装电压表原理图

用电压表测电压时，电压表总是并联在被测电路上，为了不因并联电压表而改变电路中的工作状态，要求电压表应有较高的内阻。

4．改装毫安表为欧姆表

用来测量电阻大小的电表称为欧姆表。根据调零方式的不同，可分为串联分压式和并联分流式两种。其电路原理如图 3-2-5 所示。

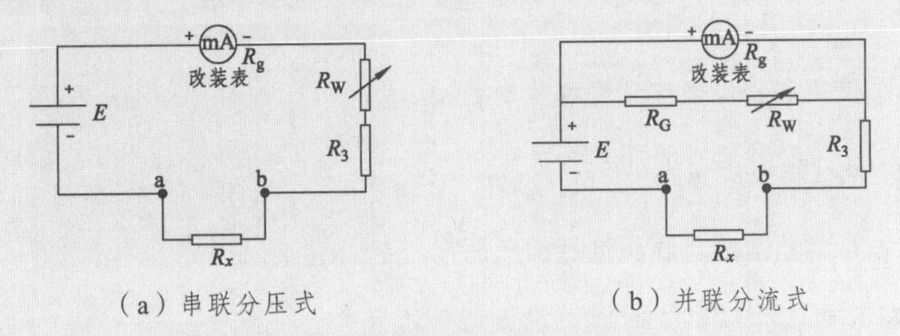


（a）串联分压式　　（b）并联分流式

图 3-2-5　欧姆表改装原理图

图中 $E$ 为电源，$R_3$ 为限流电阻，$R_w$ 为调“零”电位器，$R_x$ 为被测电阻，$R_g$ 为等效表头内阻。图 3-2-5（b）中，$R_g$ 与 $R_w$ 一起组成分流电阻。

欧姆表使用前先要调“零”点，即 a、b 两点短路，（相当于 $R_x = 0$），调节 $R_w$ 的阻值，使表头指针正好偏转到满度。可见，欧姆表的零点就是在表头标度尺的满刻度（即量限）处，与电流表和电压表的零点正好相反。

在图 3-2-5（a）中，当 a、b 两端接入被测电阻 $R_x$ 后，电路中的电流为

$$I = \frac{E}{R_g + R_w + R_3 + R_x} \tag{3-2-3}$$

对于给定的表头和线路来说，$R_g$、$R_w$、$R_3$ 都是常量。由此可见，当电源端电压 $E$ 保持不变时，被测电阻的电流值有一一对应关系。即接入不同的电阻，表

头就会有不同的偏转读数，$R_x$越大，电流$I$越小。短路 a、b 两端，即$R_x=0$时

$$I=\frac{E}{R_g+R_w+R_3}=I_g \tag{3-2-4}$$

这时指针满偏，当$R_x=R_g+R_w+R_3$时

$$I=\frac{E}{R_g+R_w+R_3+R_x}=\frac{1}{2}I_g \tag{3-2-5}$$

这时指针在表头的中间位置，对应的阻值为中值电阻，显然$R_{中}=R_g+R_w+R_3$。

当$R_x=\infty$（相当于 a、b 开路）时，$I=0$，即指针在表头的机械零位。所以欧姆表的标度尺为反向刻度，且刻度是不均匀的，电阻$R$越大，刻度间隔越密。如果表头的标度尺预先按已知电阻值刻度，就可以用电流表来直接测量电阻了。

并联分流式欧姆表利用对表头分流来进行调零的，具体参数可自行设计。

欧姆表在使用过程中电池的端电压会有所改变，而表头的内阻$R_g$及限流电阻$R_3$为常量，故要求$R_w$要跟着$E$的变化而改变，以满足调“零”的要求，设计时用可调电源模拟电池电压的变化，范围取 1.3 ~ 1.6 V 即可。

【预习思考题】

（1）本实验中测定表头内阻的方法有哪些？说明测量电路的工作原理。

（2）欲把表头的电流量程扩大$n$倍，需要在表头并联一个多大阻值的分流电阻$R_2$？

（3）使用各种电表应注意哪些事项？

【实验内容与步骤】

在进行实验前应对表头进行机械调零。

1．用替代法或中值法测出表头的内阻$R_g$

按图 3-2-1 或图 3-2-2 接线，测出表头$R_g$。

2．将一个量程为 1 mA 的表头改装成 5 mA 量程的电流表

（1）根据式（3-2-1）计算出分流电阻值，先将电源调到最小，$R_w$调到中间位置，再按图 3-2-3 接线。

（2）慢慢调节电源，升高电压，使改装表指针指到满量程（可配合调节$R_w$变阻器），这时记录标准表读数。注意：$R_w$作为限流电阻，阻值不要调至最小值。然后调小电源电压，使改装表每隔 1 mA（满量程的 1/5）逐步减小读数直至零点；（将标准电流表选择开关选在 20 mA 挡量程）再调节电源电压按原间隔逐步增大改装表读数到满量程，每次记下标准表相应的读数于表 3-2-1 中。

（3）以改装表读数为横坐标，标准表由大到小及由小到大调节时再次读数的平均值为纵坐标，在坐标纸上作出电流表的校正曲线，并根据两表最大误差的数

值定出改装表的准确度级别。

（4）重复以上步骤，将 1 mA 表头改装成 10 mA 表头，可按每隔 2 mA 测量一次。（可选做）。

（5）将面板上的 $R_g$ 和表头串联，作为一个新的表头，重新测量一组数据，并比较电阻有何异同。（可选做）。

3．将一个量程为 1 mA 的表头改装成 1.5 V 量程的电压表

（1）根据式（3-2-2）计算扩程电阻 $R_M$ 的阻值，可用 $R_1$、$R_2$ 进行实验。

（2）按图 3-2-4 连接电路。用量程为 2 V 的数显电压表作为标准表来校准改装的电压表。

（3）调节电源电压，使改装表指针指到满量程（1.5 V），记下标准表读数。然后每隔 0.3 V 逐步减小改装读数直至零点，再按原间隔逐步增大到满量程，每次记下标准表相应的读数于表 3-2-2 中。

（4）以改装表读数为横坐标，标准表由大到小及由小到大调节时再次读数的平均值为纵坐标，在坐标纸上作出电压表的校正曲线，并根据两表最大误差的数值定出改装表的准确度级别。

（5）重复以上步骤，将 1 mA 表头改装成 5 V 表头，可按每隔 1 V 测量一次。（可选做）。

4．改装欧姆表及标定表面刻度

（1）根据表头参数 $I_g$ 和 $R_g$ 以及电源电压 $E$，选择 $R_w$ 为 470 Ω，$R_3$ 为 1 kΩ，也可自行设计确定。

（2）按图 3-2-5（a）进行连线。将 $R_1$、$R_2$ 阻箱（这时作为被测电阻 $R_x$）接于欧姆表的 a、b 两端，调节 $R_1$、$R_2$，使 $R_{中} = R_1 + R_2 = 1\,500\ \Omega$。

（3）调节电源 $E = 1.5$ V，调 $R_w$ 使改装表头指示为零。

（4）取电阻箱的电阻为一组特定的数值 $R_{xi}$，读出相应的偏转格数 $d_i$，填入表 3-2-3 中。利用所得读数 $R_{xi}$，$d_i$ 绘制出改装欧姆表的标度盘。

（5）按图 3-2-5（b）进行连线，设计一个并联分流式欧姆表。试与串联分压式欧姆表比较，有何异同。（可选做）。

## 【数据记录与处理】

1．用替代法或中值法测出表头的内阻 $R_g$

表头内阻 $R_g$ = ________Ω。

2．将一个量程为 1 mA 的表头改装成 5 mA 量程的电流表

分流电阻值 $R_2 = \dfrac{R_g}{n-1} =$ ________Ω

以改装表读数为横坐标，标准表由大到小及由小到大调节时两次读数的平均值为纵坐标，在坐标纸上做出电流表的校正曲线图，并根据两表最大误差的数值定出改装电流表的准确度级别。

表 3-2-1　电流表的校准数据记录

| 改装表头读数 $I_{改}$/mA | 5 | 4 | 3 | 2 | 1 |
|---|---|---|---|---|---|
| 标准电流表读数 $I_{标}$/mA（电流减小过程） | | | | | |
| 标准电流表读数 $I_{标}$/mA（电流增大过程） | | | | | |
| 标准电流表读数平均值 $\bar{I}_{标}$/mA | | | | | |
| $\Delta I=\bar{I}_{标}-I_{改}$/mA | | | | | |
| 改装表等级 $K=\dfrac{\Delta I_{MAX}}{量程}\times100\%$ | | | | | |

3．将一个量程为 1 mA 的表头改装成 1.5 V 量程的电压表

扩程电阻 $R_M=\dfrac{U}{I_g}-R_g=$ ＿＿＿＿＿＿＿Ω

以改装表读数为横坐标，标准表由大到小及由小到大调节时两次读数的平均值为纵坐标，在坐标纸上作出电压表的校正曲线图，并根据两表最大误差的数值定出改装电压表的准确度级别。

表 3-2-2　电压表的校准数据记录

| 改装表头读数 $U_{改}$/V | 1.5 | 1.2 | 0.9 | 0.6 | 0.3 |
|---|---|---|---|---|---|
| 标准电流表读数 $U_{标}$/V（电流减小过程） | | | | | |
| 标准电流表读数 $U_{标}$/V（电流增大过程） | | | | | |
| 标准电流表读数平均值 $\bar{U}_{标}$/V | | | | | |
| $\Delta I=\bar{U}_{标}-U_{改}$/V | | | | | |
| 改装表等级 $K=\dfrac{\Delta U_{MAX}}{量程}\times100\%$ | | | | | |

4．改装欧姆表及标定表面刻度

表 3-2-3　欧姆表的改装

$E=$ ＿＿＿＿＿＿＿V，$R_{中}=$ ＿＿＿＿＿＿＿Ω

| $R_{xi}$/Ω | $\frac{1}{5}R_{中}$ | $\frac{1}{4}R_{中}$ | $\frac{1}{3}R_{中}$ | $\frac{1}{2}R_{中}$ | $R_{中}$ | $2R_{中}$ | $3R_{中}$ | $4R_{中}$ | $5R_{中}$ |
|---|---|---|---|---|---|---|---|---|---|
| 偏转格数（$d_i$） | | | | | | | | | |

【问题讨论】

（1）为什么校准电表时需要把电流或电压从大到小做一遍，又从小到大做一遍？

（2）是否还有别的方法来测定电流计内阻？能否用欧姆定律来测定？能否用电桥来测定而又保证通过电流计的电流不超过 $I_g$？

（3）设计 $R_{中}$ =1 500 Ω 的欧姆表，现有两块量程 1 mA 的电流表，其内阻分别为 250 Ω 和 100 Ω，你认为选哪块较好？

# 实验三　惠斯通电桥测电阻

测量电阻常用伏安法和电桥法。由于伏安法测量中电表的内阻会给测量带来附加误差，测量精度受到限制。电桥是用比较法测量电阻的仪器，电桥测量的特点是灵敏、准确和使用方便。电桥广泛应用于工程技术中的测量，是很重要的电磁学基本测量仪器之一，它主要用来测量电阻器的阻值、线圈的电感量和电容器的电容及其损耗。电桥从结构来分，有单臂电桥和双臂电桥；从指示状态来分，有平衡电桥和不平衡电桥；从使用电源性质分，有直流电桥和交流电桥。惠斯通电桥属直流平衡单臂电桥，用来精确测量中等阻值（$10 \sim 10^6\ \Omega$）的电阻，它具有操作简便、测量精度较高、对电源稳定性要求不高、携带方便等优点。

## 【实验目的】

（1）掌握惠斯通电桥线路组成和测电阻的原理。

（2）学会正确使用 QJ-23 型箱式电桥测电阻的方法。

（3）研究电桥灵敏度，掌握对测量结果的误差分析。

## 【实验仪器与材料】

QJ-23 型箱式电桥、万用电表、待测电阻若干。

## 【实验原理】

### 1. 电桥测量原理

惠斯通电桥的原理如图 3-3-1 所示。图中 AC、AD、CB 和 DB 四条支路分别有电阻 $R_x$、$R_1$、$R_0$ 和 $R_2$ 组成，称为电桥的四条桥臂。通常，桥臂 AC 接待测电阻 $R_x$，其余各臂电阻都是可调节的标准电阻。在 CD 两对角间连接检流计，在 AB 两对角间连接电源。检流计支路起了沟通 ACB 和 ADB 两条支路的作用，可直接比较 CD 两点的电势，电桥之名由此而来。适当调整各臂的电阻值，可以使流过检流计的电流为零，即 $I_g = 0$，这时，称电桥达到了平衡。

平衡时 C、D 两点的电势相等，有

$$I_1 R_x = I_4 R_1$$

$$I_2 R_0 = I_3 R_2$$

而 $I_1 = I_2$，$I_3 = I_4$，于是

$$R_x = \frac{R_1}{R_2} R_0 \tag{3-3-1}$$

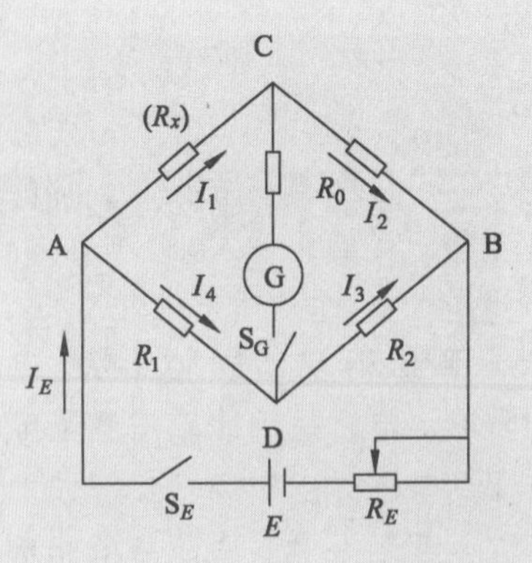


图 3-3-1 惠斯通电桥的原理图

通常，称 $R_1$、$R_2$ 为电桥的比率臂，与此相应的 $R_0$ 为比较臂，$R_x$ 为测量臂。所以电桥由四臂（测量臂、比较臂和比率臂）、检流计和电源三部分组成。

2．箱式直流单臂电桥

QJ-23 型箱式电桥内部线路如图 3-3-2 所示。其中 $R_1$ 和 $R_2$ 作为比率臂，$R_0$ 为比较臂。仪器面板元件布置如图 3-3-3 所示，面板右上部由四只十进制的电阻盘组成了比较臂 $R_0$，其最小改变量为 1 Ω，最大阻值为 9 999 Ω，测量时尽量用到千位盘。右下角有接 $R_x$ 的两个端钮和接通电源、接通检流计的两个按钮 B、G

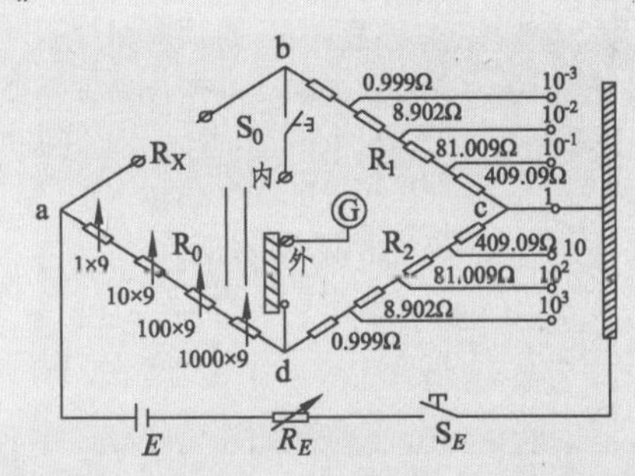


图 3-3-2 箱式电桥内部电路图

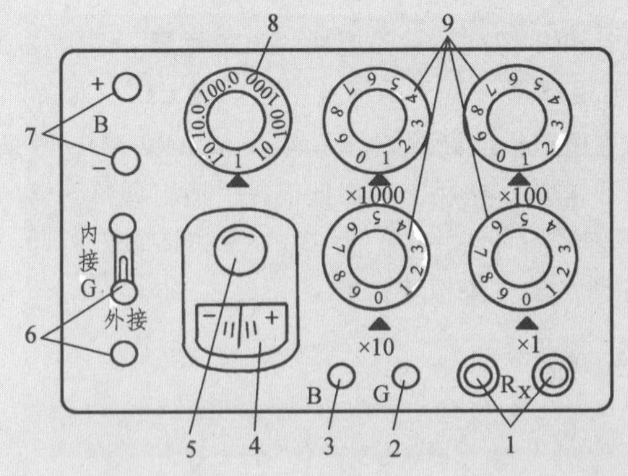


1—待测电阻接线柱；2—检流计开关；3—电源开关；4—检流计；
5—检流计调零旋钮；6—外接检流计接线柱；
7—外接电源接线柱；8—比率臂；
9—比较臂。

图 3-3-3 QJ23 型箱式惠斯通电桥面板

（如果需要长时间接通，可在按下后沿顺时针方向旋转，即可锁住）。面板中上部分是比率臂旋钮，相当于图 3-3-1 中的 $R_1/R_2$，也称为倍率旋钮，共分 7 挡，由 8 个精密电阻构成了不同的比率。它的下面是检流计，左面由上往下分别是“+”“-”“内接”“G”、“外接”五个接线端钮，“+”“-”为外接电源的输入端钮，“内接”“G”“外接”为检流计选择端钮，当“G”和“内接”由短路片连接时，则在“G”和“外接”间需外接检流计，在“G”和“外接”短接时，本仪器内附的检流计已接入电路之中。

在测量之前，首先要知道待测电阻 $R_x$ 的大约数值，根据 $R_x$ 的大约数值来选择比率和测量盘的初始数值。合适的比率选择应使测量最终结果得到测量盘显示的 4 位有效数字。电桥平衡时，待测电阻 $R_x$ 可用下式求得

$$R_x = \text{比率} \times \text{比较臂} R_0$$

【预习思考题】

惠斯通电桥由哪几部分组成?用电桥测电阻的平衡条件是什么?

【实验内容与步骤】

（1）用万用表粗测待测电阻的阻值。

（2）用箱式电桥测待测电阻的阻值。

① 打开箱式电桥电源开关，检查仪器上检流计的指针是否指“0”，如不指“0”，可旋转零点调整旋钮，使指针准确指“0”。

② 将待测电阻接在 $R_x$ 两个接线柱之间。

③ 根据 $R_x$ 的粗测，$R_0$ 应取 4 位有效数字的原则（使电阻箱的 4 个旋钮全部利用）。

④ 调节 $R_0$ 的千位数与 $R_x$ 粗测值的第一位数字相同，其余各旋钮旋到“0”。用左手两手指同时按下按钮 B 和 G，眼睛密切注视检流汁，如果指针迅速偏转，说明电桥很不平衡，通过检流计的电流很大，应迅速松开两手指，使按钮弹起，以免烧坏检流计。然后检查比率臂和比较臂的指示值，如有错置，立即改正。如果检流计指针较慢地偏向“+”号一边或“-”号一边，可用右手调节 $R_0$，使指针向“0”移动，直到指针最接近“0”为止。如果指针偏向“+”号一边，说明 $R_0$ 偏大，应调小；如果指针偏向“-”号一边，说明 $R_0$ 偏小，应调大。调节方法是：由电阻箱的高阻挡（$\times$1 000 挡和$\times$100 挡）到低阻挡（$\times$10 挡和$\times$1 挡）逐个仔细地调节。

⑤ 仔细调节 $R_0$ 的低阻挡，直到指针精确指“0”为止。记下比率臂 $R_1/R_2$ 和比较臂 $R_0$ 的指示值于表 3-3-1 中。

⑥ 计算出待测电阻 $R_x$ 及误差。

【注意事项】

（1）在用电桥测电阻前，先检查检流计是否调零．如未调零，应先调零

后再开始测量。$R_0$ 的 ×1 000 挡绝对不能调到 “0”。在调节 $R_0$ 时，当检流计指针偏转到满刻度时，应立即松开按钮开关 B 和 G。

（2）在调节 $R_0$ 时，如果检流计不偏转或始终偏向一边，应检查电路连接是否正确，各处接线特别是电源 B 和检流计 G 接线是否旋紧。为保护检流计，在使用按钮开关时，应用手指压紧开关而不要“旋死”。按下开关 B、G 的时间不能长。

（3）待测电阻与接线柱的连接导线电阻应小于 0.005 Ω。

（4）实验完毕后，应检查各按钮开关是否均已松开，再关闭电源；否则将会损坏电源。

【数据记录与处理】

用 QJ-23 型箱式电桥测电阻。

表 3-3-1　测量待测电阻 $R_x$ 数据记录

| 待测电阻 $R_x$ 标称值 /Ω | 比例臂 $K=R_1/R_2$ | $R_0/\Omega$ | $R_x=K\times R_0$ /Ω | 准确度 $C$ | $\Delta R_x=R_x\times C\%$ /Ω | $R_x\pm\Delta R_x$ /Ω |
|---|---|---|---|---|---|---|
| | | | | | | |
| | | | | | | |
| | | | | | | |
| | | | | | | |
| | | | | | | |

【问题讨论】

（1）当惠斯通电桥达到平衡时，若交换电源和检流计的位置，电桥是否平衡?

（2）若待测电阻 $R_x$ 的一个接头接触不良，电桥能否调至平衡?

（3）如果按图 3-3-1 连成电路，接通电源后，检流计指针始终向一边偏转或不偏转，试分析这两种情况下电路故障的原因。

# 实验四　线性电阻的伏安特性研究

伏安法测电阻是电阻测量的基本方法之一，当一个元件两端加上电压，元件内有电流通过时，电压与电流之间便有着一定的关系，通过此元件的电流随外加电压的变化关系曲线称为伏安特性曲线，从伏安特性曲线所遵循的规律就可得知该元件的导电特性，以便确定它在电路中的作用。

## 【实验目的】

（1）掌握测量线性电阻元件伏安特性的方法。
（2）掌握用作图法处理实验数据。

## 【实验仪器与材料】

直流电源、直流电流表、直流电压表、滑线变阻器、定值电阻、待测电阻、连接导线等。

## 【实验原理】

1. 伏安特性

在线性电阻元件两端施加一直流电压，在电阻元件内就有电流通过。根据欧姆定律，电阻元件电阻值为

$$R=\frac{U}{I} \tag{3-4-1}$$

式中，$U$ 为电阻元件两端电压，$I$ 为电阻元件内通过的电流，$R$ 为电阻值。

以 $U$ 为自变量，$I$ 为函数，作出电压电流关系曲线，称为该元件的伏安特性曲线。对于一般的金属导体的电阻元件，其电阻值比较稳定不变，它与外加的电压大小和方向无关，其伏安特性曲线是一条通过原点的直线，如图 3-4-1 所示，

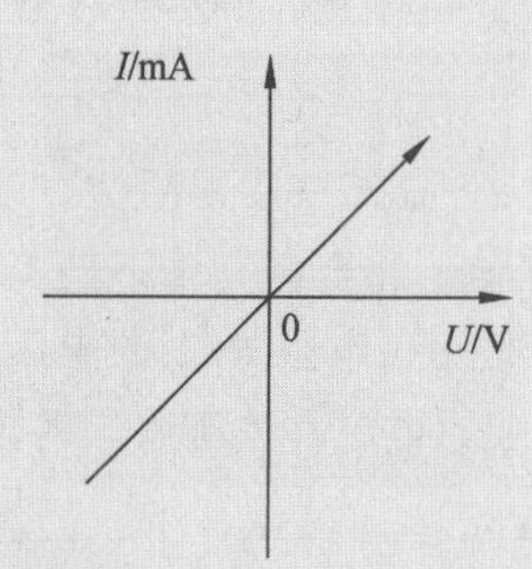


图 3-4-1　线性电阻的伏安特性曲线

即电阻器内通过的电流与两端施加的电压成正比，这种电阻元件也称为线性电阻

元件。从图 3-4-1 上看出，直线通过一、三象限。它表明，当调换电阻两端电压的极性时，电流也换向，而电阻始终为一定值，等于直线斜率 $K$ 的倒数。

2．线性电阻的伏安特性测量电路的设计

根据欧姆定律式（3-4-1）可以测量电阻的阻值，测量时有电流表内接和外接两个方式可供选择，如图 3-4-2 所示，不同的接法在不同条件下相对误差不同，需要恰当选择接法，以减小测量误差。

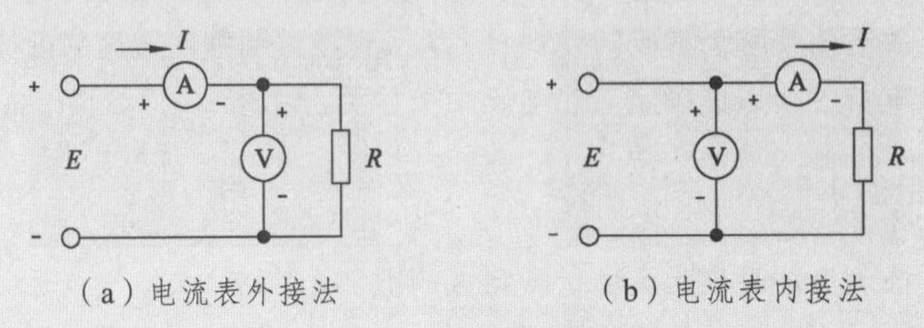


图 3-4-2　伏安法测电阻

设电流表内阻为 $R_A$，电压表内阻为 $R_V$，$R_x$ 为待测电阻，为了减少误差，测量电路选择电流表外接法还是内接法可以粗略地按下述办法：

（1）当 $\frac{R_V}{R_x}>\frac{R_x}{R_A}$ 时，采用电流表外接法。

（2）当 $\frac{R_V}{R_x}<\frac{R_x}{R_A}$ 时，采用电流表内接法。

【预习思考题】

（1）要安全正确地使用电流表、电压表、电阻箱和滑线变阻器，应注意哪些问题?

（2）伏安法测电阻的接入误差是由什么因素引起的?

【实验内容与步骤】

1．实验线路的选择

（1）用万用表粗测待测电阻 $R_x$ 的阻值。

（2）选定伏安法测电阻的连接电路（确定电流表外接法或电流表内接法）。

2．测量电流 $I$ 和电压 $U$

（1）按选择的线路图 3-4-2，调节变阻器阻值，改变 $R_x$ 上的电流 $I$ 和电压，分别读出相对应的电流、电压值，将数据记录于表 3-4-1 中。

（2）将电压调节为零，改变加在电阻 $R_x$ 上的电压方向（也可将 $R_x$ 调转 180°连接），调节变阻器，读出相应的电流、电压值，将数据记录于表 3-4-1 中。

3．绘制线性电阻的伏安特性曲线

以电压为横坐标、电流为纵坐标，绘出线性电阻的伏安特性曲线。

【数据记录与处理】

1．实验线路的选择

用万用表粗测 $R_x$，确定 $\frac{R_V}{R_x}-\frac{R_x}{R_A}$，选择电流表的连接电路（外接或内接）。

2．测量电流 $I$ 和电压 $U$

表 3-4-1　线性电阻 $R_x$ 伏安特性数据记录

| 正电压/V | | | | | | | | |
|---|---|---|---|---|---|---|---|---|
| 电流/mA | | | | | | | | |
| 负电压/V | | | | | | | | |
| 电流/mA | | | | | | | | |

3．绘制线性电阻的伏安特性曲线

以电压为横坐标、电流为纵坐标，绘出线性电阻的伏安特性曲线。

【问题讨论】

（1）线性电阻的伏安特性曲线的斜率表示的是什么？

（2）实验时，用电流表、电压表测 30 Ω、2 kΩ、1 MΩ 的电阻时，分别应采用哪种线路？讨论两种测试方法的优劣。

操作视频

# 实验五　非线性电阻的伏安特性研究

电路中除了有碳膜电阻、线绕电阻等线性电阻之外，还有半导体二极管、三极管、光敏和热敏电阻等这类非线性电阻元件，对于线性电阻元件，加在电阻两端的电压与通过它的电流成正比（忽略电流热效应对阻值的影响），而非线性电阻这类元件的伏安特性曲线不是一条直线，是一条曲线，其电阻曲线上各点的电压与电流的比值，并不是一个定值，为了更好地了解非线性电阻元件的结构和基本性能，也需要测定它们的伏安特性曲线。

## 【实验目的】

（1）掌握测量非线性电阻元件伏安特性的方法。

（2）了解二极管的单向导电性。

（3）学会作图法处理数据。

## 【实验仪器与材料】

直流电源、直流电流表、直流电压表、滑线变阻器、待测二极管、连接导线等。

## 【实验原理】

### 1．晶体二极管的导电原理及特性

晶体二极管又叫半导体二极管，是非线性电阻，其电阻值不仅与外加电压的大小有关，而且还与方向有关。半导体二极管的导电性能介于导体和绝缘体之间，它是由两种具有不同导电性能的 N 型半导体和 P 型半导体用特殊工艺结合形成的 PN 结制成的。晶体二极管有正、负两个电极，具有单向导电性，常用图 3-5-1 所示的符号表示。

PN 结的形成和导电性能从微观角度来看，如图 3-5-2 所示，由于 P 区中空穴的浓度比 N 区大，空穴（带正电）便由 P 区向 N 区扩散；同样，由于 N 区的电子浓度比 P 区大，电子（带负电）便由 N 区向 P 区扩散。随着扩散的进行，P 区空穴减少，出现了一层带负电的粒子区；N 区的电子减少，出现了一层带正电的粒子区。结果在 P 型与 N 型半导体交界面的两侧附近形成了带正、负电的薄层区，称为 PN 结。这个带电薄层内的正、负电荷产生了一个电场，其方向刚好与载流子（空穴、电子）扩散运动的方向相反，使载流子的扩散受到内电场的阻力作用，所以这个带电薄层又称为阻挡层。当扩散作用与内电场作用相等时，P 区的空穴和 N 区的电子不再减少，阻挡层不再增加，达到动态平衡，此时二极管中没有电流。

图 3-5-1　晶体二极管符号　　　　图 3-5-2　PN 结

当 PN 结加正向电压时，外电场与内电场方向相反，因而削弱了内电场，使阻挡层变薄。载流子能顺利地通过 PN 结，形成较大的电流，电阻较小。当 PN 结加反向电压时，外电场与内电场方向相同，因而加强了内电场的作用，使阻挡层变厚，电阻加大，这样，只有极少的载流子能够通过 PN 结，反向电流很小。

因此，二极管具有单向导电性。它的伏安特性曲线如图 3-5-3 所示，电流与电压不是线性关系，各点的电阻都不相同，具有这种性质的电阻，就称为非线性电阻。

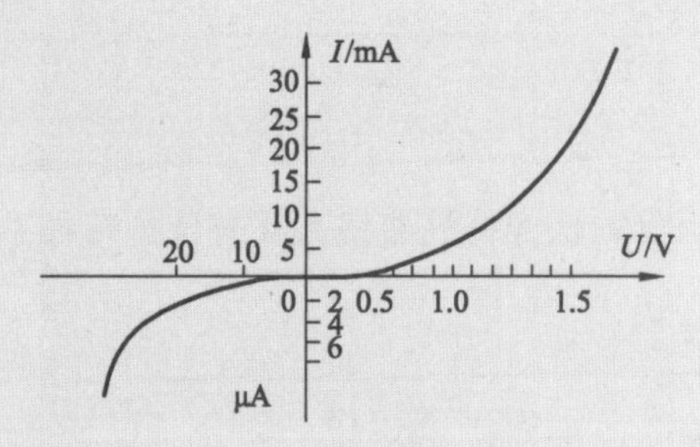


图 3-5-3　晶体二极管的伏安特性曲线

2．非线性电阻的伏安特性测量电路的设计

对二极管施加正向偏置电压时，二极管中就有正向电流通过（多数载流子导电），随着正向偏置电压的增加，开始时，电流随电压变化很缓慢，而当正向偏置电压增至接近二极管导通电压时，电流急剧增加，二极管导通后，电压的少许变化，引起电流的变化都很大。

对二极管施加反向偏置电压时，二极管处于截止状态，其反向电压增加至该二极管的击穿电压时，电流猛增，二极管被击穿，在二极管使用中应竭力避免出现击穿现象，这很容易造成二极管的永久性损坏。所以在测二极管反向特性时，应串入限流电阻，以防因反向电流过大而损坏二极管。

（1）反向特性测试电路。

二极管的反向电阻值很大，采用电流表内接测试电路可以减少测量误差。测试电路如图 3-5-4 所示，滑线变阻器调节到最大值（顺时针到底）。

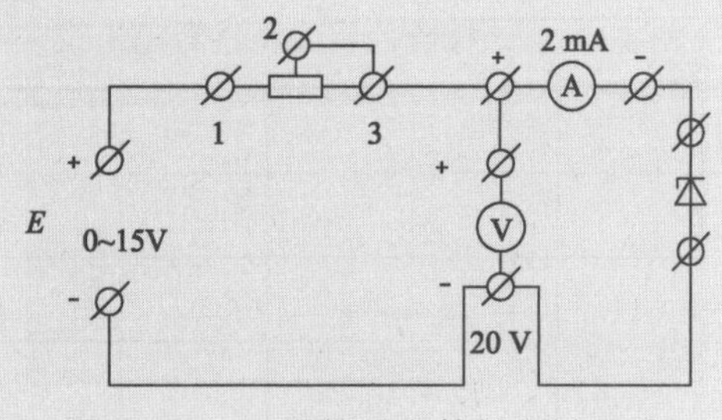


图 3-5-4　二极管反向特性测试电路

（2）正向特性测试电路。

二极管在正向导通时，呈现的电阻值较小，拟采用电流表外接测试电路，测试电路如图 3-5-5 所示。电源电压在 0 ~ 10 V 内调节，滑线变阻器大致调到中间位置，调节电源电压，以得到所需电流值。

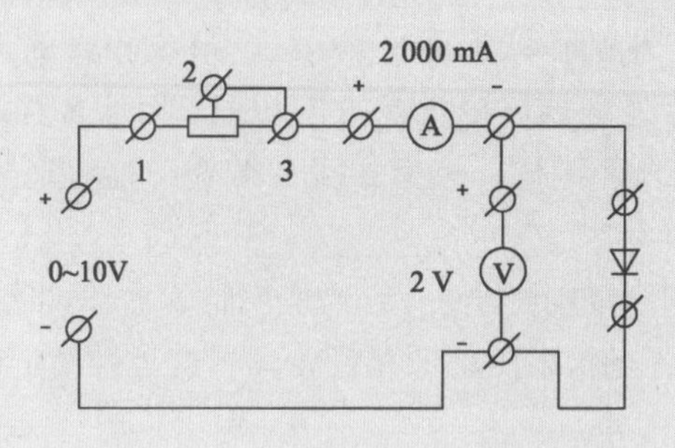


图 3-5-5 二极管正向特性测试电路

【预习思考题】

金属膜电阻和二极管的伏安特性曲线各具有什么特性?

【实验内容与步骤】

1. 测半导体二极管的反向伏安特性

当二极管加反向电压时，二极管呈高阻状态，采用电流表内接法，按图 3-5-4 连接电路。用小量程毫安表，大量程电压表，经检查无误后，接通电源，调节变阻器的阻值改变电压，读出对应的电流值，并填入表 3-5-1 中。

2. 测半导体二极管的正向伏安特性

当二极管加正向电压时，二极管呈低阻状态，采用电流表外接法，按图 3-5-5 连接电路。电压表用 2 V 量程左右。经检查无误后，接通电源，从 0 V 开始缓慢地增加电压，在电流变化大的地方，电压间隔应取小一些，读出对应的电流值，直到流过二极管的电流为其允许最大电流为止，将读数填入表 3-5-1 中。

以电压为横轴、电流为纵轴，绘出二极管的伏安特性曲线。

【数据记录与处理】

1. 测量非线性电阻二极管的伏安特性

表 3-5-1 二极管的伏安特性数据记录

| 正电压/V | | | | | | | |
|---|---|---|---|---|---|---|---|
| 电流/mA | | | | | | | |
| 负电压/V | | | | | | | |
| 电流/mA | | | | | | | |

2．绘制伏安特性曲线

用坐标纸手绘或 Origin 软件绘制出二极管的伏安特性曲线。

【问题讨论】

（1）测量二极管反向电阻和正向电阻时，电流表的接法有什么不同？为何要采用这样的接法？

（2）如何用万用表判断晶体二极管的好坏？

# 实验六　用电位差计测电动势

用电压表直接测量电源电动势或电路中的电压，由于电压表的内阻不是无限大，因此总有电流通过它，这就使原被测电路的工作状态受到了破坏，显然这给测量带来了误差。如果要精确地测量它们，必须设法使被测电路中的电流为零，补偿法就是在这一指导思想下提出的。电位差计就是利用补偿原理和比较法精确测量直流电势差或电源电动势的常用仪器，它准确度高、使用方便，测量结果稳定可靠，还常被用来精确地间接测量电流、电阻和校正各种精密仪表。在现代工程技术中电位差计还广泛用于各种自动检测和自动控制系统。在实验教学中常用的电位差计有滑线式和箱式电位差计两种，它们的结构尽管不同，但基本原理是相同的。

【实验目的】

（1）理解补偿法测量原理，了解其优缺点。
（2）掌握电位差计的原理、结构特点及使用方法。
（3）学习用滑线式电位差计和箱式电位差计测量电动势。

【实验仪器与材料】

滑线式电位差计（或箱式电位差计）、直流稳压电源 、数字检流计、标准电池 、电源（电池）、滑线变阻器、电阻箱、电压表、单刀开关、双刀双向开关、导线若干等。

【实验原理】

1．补偿原理

在直流电路中，电池电动势 $E_x$ 等于电池开路时两电极的端电压 $U$。因此，在测量时，要求没有电流 $I$ 通过电池，测量电池的端电压 $U$ 即为电池的电动势 $E_x$。如果直接用电压表去测量电池的端电压 $U$，由于总有电流流过电池内部，而电池 $E_x$ 有内阻 $r$，由欧姆定律得 $U = E_x - Ir$，因而不能得到准确的电动势数值。

能使电池内部电流等于零又能精确测量电池电动势的方法称为补偿法。最简单的补偿法原理如图 3-6-1 所示，其中 $E_x$ 为待测电池的电动势，$E_s$ 为可调电源的电动势，V 接标准电压表，G 接检流计。当接通电路后，通过缓慢调节稳压源输出 $E_s$ 大小，观察检流计指针偏转，当检流计指针刚好指向零刻度线的时候，即 $I = 0$，说明 $E_s = E_x$，电势达到平衡。这种情况，称电路得到了补偿。此时，读出标准电压表的读数就是待测电池的电动势。

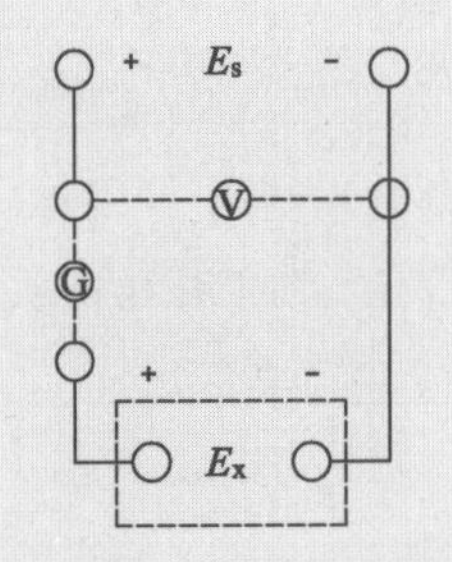


图 3-6-1　补偿法原理图

补偿法有很多优点，特别是在测量生物电势时优势明显，因为它可以不改变生物组织的状态，这种方法在非电量的电测法中也占有重要地位。

2．电位差计的工作原理

电位差计是测量电动势或电势差的仪器，由于它采用了比较测量法和补偿原理，因而测量准确度较高，使用方便。在科研和工程技术上常使用电位差计进行自动控制和自动检测。

电位差计原理如图 3-6-2 所示。图中由电源 $E$、限流电阻 $R$ 和标准电阻 $R_{AB}$ 串联成一闭合回路，称为辅助回路。由标准电池 $E_s$（或待测电池 $E_x$）、检流计 $G$ 和 $R_{AC}$ 组成的闭合回路，称为补偿回路。图中 AB 是一根均匀的电阻丝，其上有一个滑动接头 C。测量时合上电键开关 K，先将 $K_1$ 合向 $E_s$ 一侧，根据标准电池电动势的大小选定 AC 间的电阻 $R_{AC}=R_s$，即保持滑动接头在确定位置上。此时，对节点 A 应用基尔霍夫第一定律得

$$I+I'-I_0=0 \tag{3-6-1}$$

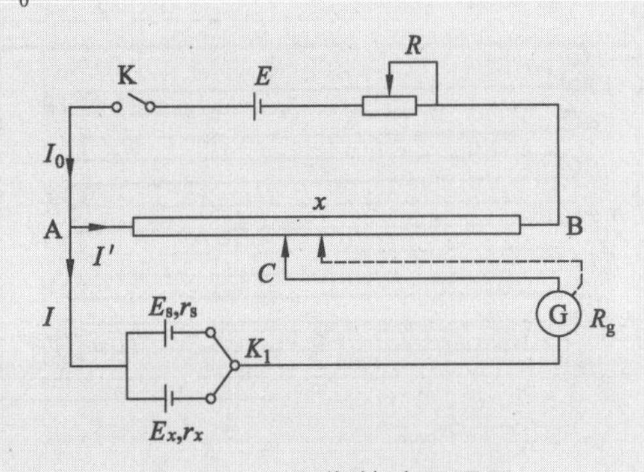


图 3-6-2　电位差计原理图

对于回路 A$E_s$GCA，应用基尔霍夫第二定律得

$$-E_s=Ir_s+IR_g-I'R_s \tag{3-6-2}$$

由式（3-6-1）和式（3-6-2）得

$$I=\frac{I_0R_s-E_s}{r_s+R_g-R_s} \tag{3-6-3}$$

调节电阻 $R$ 使检流计中无电流（指针无偏转），即 $I=0$，此时电位差计达到了平衡，则有

$$E_s = I_0 R_s \tag{3-6-4}$$

再保持 $R$ 不变，将 $K_1$ 合向待测电动势 $E_x$ 一端，这时移动滑动接头 C 的位置直到检流计中无电流为止。以 $x$ 表示此时滑动接头的位置，此时若 AC 间的电阻为 $R_x$，则

$$E_x = I_0 R_x \tag{3-6-5}$$

所以待测电动势 $E_x$ 为

$$E_x = \frac{R_x}{R_s} E_s \tag{3-6-6}$$

从式（3-6-6）可知，标准电动势 $E_s$ 为已知，通过测量 $R_x$ 和 $R_s$ 就能准确地测出未知电动势 $E_x$。

3．线式电位差计测电动势

滑线式电位差计具有结构简单、直观、便于分析讨论等优点，而且测量也较准确。具体的结构线路如图 3-6-3 所示，图中电阻丝全长为 11 m。每两个插孔间电阻丝为 1 m，插头可插在任意插孔中，接头 $n$ 可在电阻丝上连续滑动，$R_b$ 为保护电阻，其作用是防止电位差计未调致电平衡时流过标准电池和电流计的电流过大，因此初调时应将 $K_2$ 断开。调至平衡后将 $K_2$ 闭合再作精细调节至平衡。

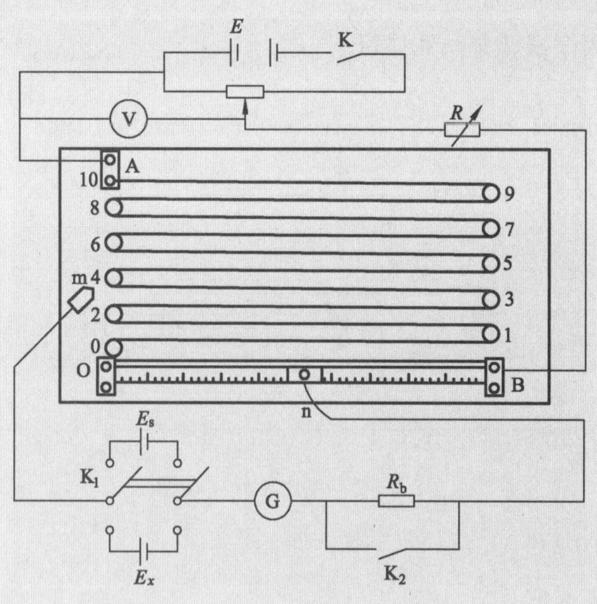


图 3-6-3　线式电位差计接线图

滑线式电位差计实验设计过程主要包括以下两个部分：

（1）定标。利用标准电池 $E_s$ 高精度的特点，使工作回路中的电流能准确地达到某一标定值 $I_0$，这一调整过程叫电位差计的定标，也称为工作电流标准化。

根据标准电池 $E_s$ 的大小和实验给定的矫正系数 $U_0$（表示电阻丝 AB 单位长度上的电压降），计算出定标时电阻丝的长度 $L_{mn}$：

$$L_{mn}=\frac{E_s}{U_0} \tag{3-6-7}$$

由定标原则，接通电源开关 K，将 $K_1$ 合向标准电池 $E_s$，移动 n 使得 mn 之间的长度等于 $L_{mn}$，调节 $R$ 使定标回路达到平衡（即流过检流计 G 的电流为零）。这时，电阻丝 AB 上单位长度的电压降为 $U_0=\frac{E_s}{L_{mn}}$。

（2）测量 $E_x$。将 $K_1$ 拨向 $E_x$，则 mn 两点间的标准电池 $E_s$ 换成了待测电源 $E_x$，由于一般情况下 $E_s\neq E_x$，因此，检流计的指针将左偏或右偏，电位差计失去了平衡。此时合理移动 m 点和 n 点的位置来改变 $U_{mn}$，当 $U_{mn}=E_x$ 时，电位差计又重新达到平衡，使检流计 G 的指针再次指零。这时，mn 之间的长度为 $L'_{mn}$，则

$$E_x=U_0L'_{mn}=\frac{E_s}{L_{mn}}L'_{mn} \tag{3-6-8}$$

所以，调节电位差计平衡后，只要准确读取 $L'_{mn}$ 值，就可得到待测电源的电动势 $E_x$。

4. 箱式电位差计测电池的电动势

为便于测量，常把电位差计做成箱式的，箱式电位差计的种类虽然很多，但其结构原理大同小异。箱式电位差计工作原理如图 3-6-4 所示，它主要包括三个部分：

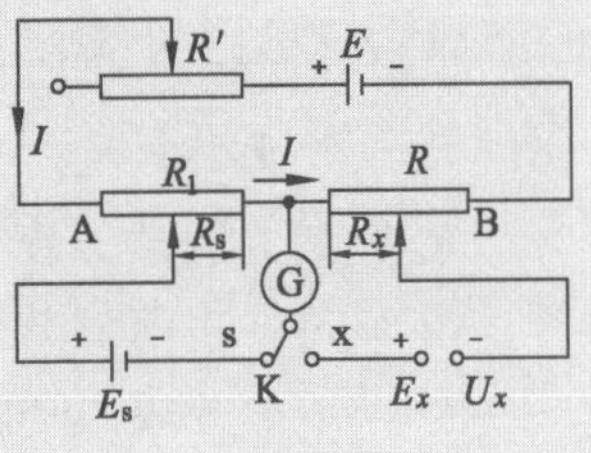

图 3-6-4　箱式电位差计原理图

（1）工作电流调节回路。

$$E\rightarrow R'\rightarrow R_1\rightarrow R\rightarrow E \text{（辅助回路）}$$

（2）校正工作电流回路。

$$E_s\rightarrow R_s\rightarrow \mathrm{G}\rightarrow \mathrm{K}\rightarrow E_s$$

先将开关 K 合向 s 端，然后调节 $R$，使灵敏检流计指针指零。回路 $E_s\rightarrow R_s\rightarrow \mathrm{G}\rightarrow \mathrm{K}\rightarrow E_s$ 达到补偿，这时有

$$E_s=IR_s \tag{3-6-9}$$

即辅助回路中电流达到标准化，其值为

$$I=\frac{E_s}{R_s} \tag{3-6-10}$$

（3）待测回路。

$$E_x\rightarrow \mathrm{x}\rightarrow \mathrm{G}\rightarrow R_x\rightarrow E_x$$

先将开关 K 合向 I 端，然后调节 $R$ 使检流计指针指零，待测回路达到补偿时有

$$E_x = IR_x \tag{3-6-11}$$

将式（3-6-10）代入式（3-6-11）得

$$E_x = \frac{R_x}{R_s} E_s \tag{3-6-12}$$

现以 UJ-24 型电位差计为例来说明其结构。如图 3-6-5 为其面板图，图 3-6-6 为 UJ-24 型箱式电位差计原理图。

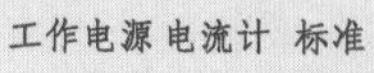


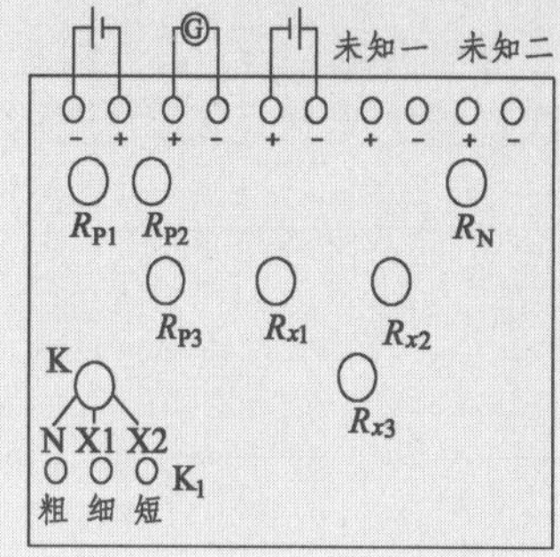


图 3-6-5　UJ-24 型电位差计面板

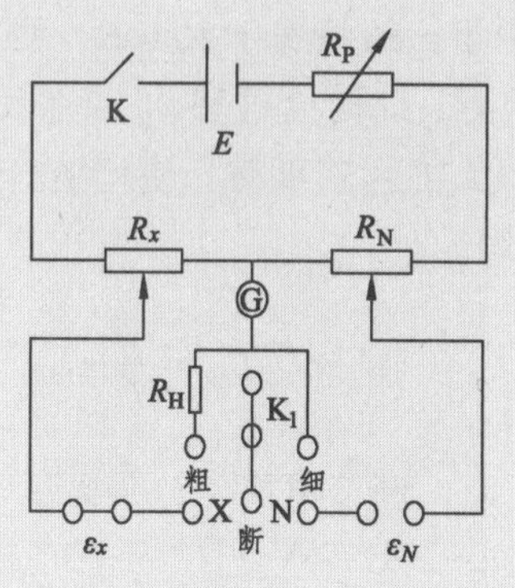


图 3-6-6　UJ-24 型原理图

仪器的面板图和工作原理图的相应部分对照列表说明如下：

$R_p$：分成粗调 $R_{p1}$、中调 $R_{p2}$ 和细调 $R_{p3}$，调节工作电流用。

$R_N$：是为补偿温度变化而引起标准电池电动势变化而设置的，当温度变化时，调节 $R_N$，进而调节两端的电压，使标准电池得到补偿。

$R_x$：$R_x$ 被分成 5 个旋钮，并在转板上标出电压值，测量结果直接从它读出。

$K_1$：$K_1$ 为二个按钮旋钮，并标有粗细字样，操作时应先按“粗”，初步达到平衡，再按“细”。标有“短”字按钮为电流计的阻力开关。

K：K 为选择转换开关。

【预习思考题】

（1）要使电位差计能达到电位补偿的必要条件是什么？

（2）与电压表相比，用电位差计测电动势有何优缺点？

【实验内容和步骤】

1．滑线式电位差计测电池的电动势

（1）按图 3-6-3 连接电路，接线时应断开所有的开关，电源 $E$、标准电池 $E_s$ 和 $E_x$ 要同极性相连接，否则无法达到补偿状态，算出室温下的标准电池的电动势的值 $E_s$。

（2）定标（校正工作电流）。将插头 m 插在某一插孔中，然后接通 K，将 $K_1$ 倒向 $E_s$ 调节滑线变阻器，同时按下接头 n 并沿线滑动，直至电流计指零，再将 $K_2$ 闭合，滑动 n 使检流计再次指零。记录这时的 mn 之间的长度。定标完成后，不要再调节滑动变阻器和电源输出电压。

（3）测量电池的电动势 $E_x$。断开 $K_2$，将 $K_1$ 倒向被测电池 $E_x$，根据被测电动势的粗略值，估算 mn 的长度，然后改变 m、n 的位置，使检流计指零，再将 $K_2$ 闭合，滑动 n 使检流计再次指零，记录这时 $L'_{mn}$ 的长度。

（4）再根据式（3-6-8）算出 $E_x$ 之值。

（5）按上述步骤重复测量几次，求出 $E_x$ 平均值。

2．箱式电位差计测电动势

（1）按图 3-6-5 连接线路，被测未知电动势接于未知一或未知二处。

（2）测量前先调整检流计指针正对“零位”，将 K 旋至 N 处，再根据标准电池电动势的值调定 $R_N$。

（3）校准工作电流：断续按下 $K_1$ 的“粗按钮”调整使 G 无偏转。即可读出被测电动势的值 $E_x$。

（4）按上述步骤重复测量 5 ~ 7 次，求出 $E_x$ 的平均值。

## 【预习思考题】

（1）要使电位差计能达到电位补偿的必要条件是什么？

（2）与电压表相比，用电位差计测电动势有何优缺点？

## 【数据记录与处理】

1．滑线式电位差计测电池的电动势

表 3-6-1　滑线式电位差计测电池的电动势数据表

$t$ = ______°C，　　$E_s$ = ______V

| $U_0$/(V/m) | | | | | | | | |
|---|---|---|---|---|---|---|---|---|
| $U$/V | | | | | | | | |
| $L_{mn}$/m | | | | | | | | |
| $R$/Ω | | | | | | | | |
| $L'_{mn}$/m | | | | | | | | |
| $E_x$/V | | | | | | | | |
| $E_x$ 平均值/V | | | | | | | | |

2．箱式电位差计测电动势

表格自拟。

## 【问题讨论】

（1）若操作时检流计指针总是偏向一侧，无法调节平衡，可能是什么原因？

（2）能否用电位差计测定电池的内阻？

操作视频

# 实验七　测量地磁场强度的水平分量

地磁场作为一种天然磁源，在军事、工业、医学、探矿等科研中也有着重要用途。地磁场的数值比较小，约 $10^{-5}$ T 量级，但在直流磁场测量，特别是弱磁场测量中，往往需要知道其数值，并设法消除其影响，本实验通过测量大地磁场与圆环线圈合成磁场方向偏离角度进行大地磁场的间接测量。

【实验目的】

（1）了解地磁场水平分量实验仪的基本测量原理。
（2）掌握地磁场水平分量实验仪测量地磁场的方法。

【实验仪器与材料】

地磁场测定仪（磁场水平分量测试仪、地磁场测试架）、罗盘、导线。

【实验原理】

众所周知，地球被磁场包围，而地磁场的两磁极为南极和北极。从右手定则可以知道，当线圈中通过电流时，线圈的周围就会产生一定量的磁场，右手握拳，假设四个小手指所环绕的方向就是电流的方向，那么大拇指所指的方向就是磁场的方向。

当大地磁场 $B_G$ 与圆环线圈产生的磁场 $B_R$ 正交，两个矢量相加后产生的磁场矢量为 $B_C$（见图 3-7-1）。它们之间存在以下关系：

$$B_G = \mathrm{ctg}\theta \times B_R \tag{3-7-1}$$

根据毕奥-萨伐尔定律，载流线圈在轴线（通过圆心并与线圈垂直的直线上某点）的磁场强度（见图 3-7-2）为：

$$B_R = \frac{\mu_0 R^2}{2(R^2 + x^2)^{3/2}} NI \tag{3-7-2}$$

式中，$I$ 为通过线圈的电流强度，$N$ 为线圈的匝数，$R$ 为线圈平均半径（$R = 105$ mm），$x$ 为圆心到该点的距离，$\mu_0 = 4\pi \times 10^{-7}$ H/m，为真空磁导率。因此，圆心处的磁感应强度 $B_{R0}$ 为

$$B_{R0} = \frac{\mu_0}{2R} NI \tag{3-7-3}$$

轴线外的磁场分布计算公式较复杂，这里省略。

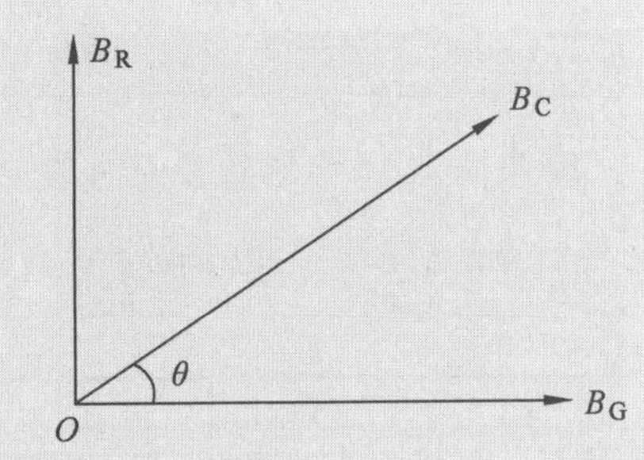


图 3-7-1　大地磁场与圆线圈磁场矢量合成

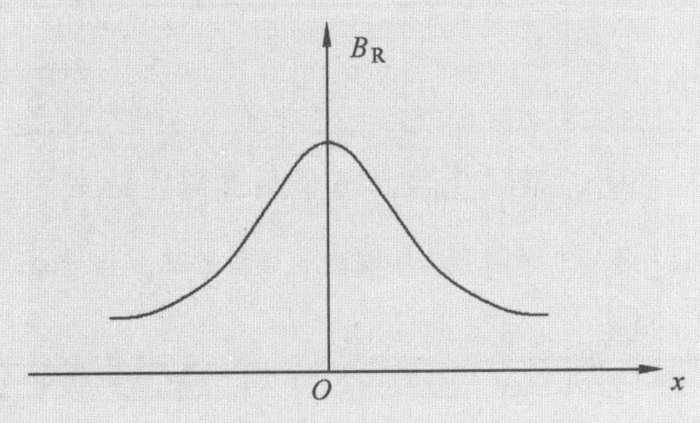


图 3-7-2　圆线圈磁场在轴线上的分布

由此可见，矢量相加的磁场 $B_C$ 大小与圆环线圈产生的磁场强度 $B_R$、大地磁场强度 $B_G$ 及它们之间的夹角 $\theta$ 有关。圆环线圈产生的磁场计算公式根据式（3-7-3）给出。矢量合成后的磁场 $B_C$ 与圆环线圈产生的磁场 $B_G$ 之间的夹角 $\theta$，可以通过罗盘上指南针偏转角度 $\theta$ 直接读出。因此，可以通过式（3-7-1）直接求出大地磁场强度 $B_G$。

【实验内容与步骤】

1．励磁电流 $I$ 不变，线圈匝数 $N$ 与偏转角 $\theta$ 间的关系

（1）准备工作：仪器使用前，请先开机预热 10 分钟，这段时间内请先熟悉地磁场测定实验仪上各个接线端子的正确连线方法和仪器的正确操作方法。

（2）将电流源输出旋钮调到最小位置上。

（3）调整机架使罗盘指针和线圈轴线基本在一条直线上，并将机架调整为水平。

（4）将测试仪电流输出端子连接圆环线圈选定匝数的接线端子上。

（5）测量电流源输出在 50 mA 时，读出圆环线圈匝数在 10 匝、30 匝、50 匝、70 匝、90 匝时的罗盘偏转角 $\theta$。根据式（3-7-1）、式（3-7-3）计算不同线圈匝数下它们的磁场强度，填入表 3-7-1 中。

2．线圈匝数 $N$ 不变，励磁电流 $I$ 与偏转角 $\theta$ 间的关系

（1）电流源接到 30 匝接线端子上，调节电流 $I$ 的大小，分别测量 20 mA、40 mA、60 mA、80 mA、100 mA、150 mA 时罗盘偏转角 $\theta$。计算不同电流下圆环线圈产生的磁场强度，填入表 3-7-2 中。

【数据记录与处理】

1．励磁电流 $I$ 不变，线圈匝数 $N$ 与偏转角 $\theta$ 间的关系

表 3-7-1　线圈匝数 $N$ 与偏转角 $\theta$ 间的关系数据记录

电流输出 $I=50$ mA

| 线圈匝数 | 10 匝 | 30 匝 | 50 匝 | 70 匝 | 90 匝 |
|---|---|---|---|---|---|
| 圆线圈磁场强度 $B_{R0}$/T | | | | | |
| 罗盘偏转度 $\theta$ | | | | | |
| 大地磁场 $B_G$/T | | | | | |

2．线圈匝数 $N$ 不变，励磁电流 $I$ 与偏转角 $\theta$ 间的关系

表 3-7-2　励磁电流 $I$ 与偏转角 $\theta$ 间的关系数据记录

圆环线圈匝数 $N=30$ 匝

| 线圈电流 | 20 mA | 40 mA | 60 mA | 80 mA | 100 mA |
|---|---|---|---|---|---|
| 圆线圈磁场强度 $B_{R0}$/T | | | | | |
| 罗盘偏转度 $\theta$ | | | | | |
| 大地磁场 $B_G$/T | | | | | |

操作视频

# 实验八　示波器的原理及应用

示波器是一种能将随时间变化的电压信号转换成图形直接显示和观测的电子仪器，它不仅可以定性观察各种电压信号的动态过程，也可以定量测量信号波形的周期、频率、幅度、相位、上升或下降时间、占空比等参数。结合转换电路和相应的传感器后，一切可转换为电压信号的电学量（如电流、阻抗等）和非电学量（如光强、声强、磁场、温度等）均可以用示波器来观察和测量，用双踪示波器可以测量两个信号之间的时间差或相位差。

## 【实验目的】

（1）了解模拟示波器的基本结构及工作原理。
（2）熟悉模拟示波器和信号发生器的使用和调节。
（3）学会使用双踪示波器测信号的峰值、频率和相位差。

## 【实验仪器与材料】

教学双踪示波器、低频信号发生器、学生信号源。

## 【实验原理】

示波器主要由示波管、扫描触发系统、放大部分、电源部分组成。

1. 示波管

示波管是电子示波器的核心，如图 3-8-1 所示。它是一个高真空度的静电控制的电子束玻璃管。示波器的阴极被灯丝加热后发射大量电子，这些电子穿过控制删后，受第一、第二阴极的聚集和加速作用，形成一束电子束，电子束通过偏转板打在示波管的荧光屏上，形成亮点。亮点的亮度与通过控制栅极中心小孔的电子密度成正比，改变控制栅极的电压就可以改变光点亮度，此即为辉度（亮度）调节。改变聚集阳极和加速阳极的电压可以影响电子束的聚集程度，使光点的直径最小，图像最清晰，这就是聚焦调节。亮点在屏上的位移与偏转板上所加电压成正比，因此，亮点的运动轨迹描绘出纵偏和横偏信号的合成运动规律的图像。

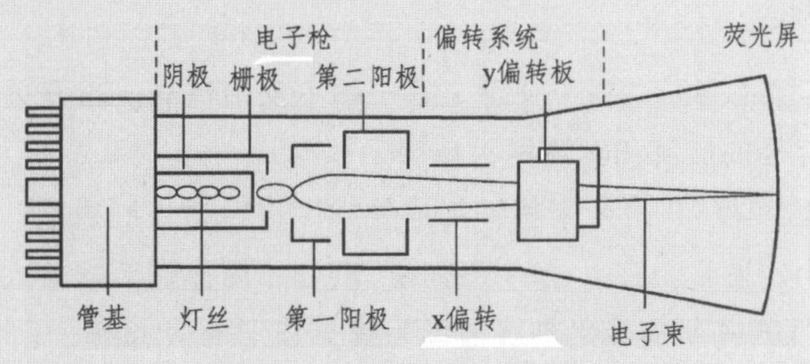


图 3-8-1　示波管的结构示意图

各种型号的示波器，尽管它们的外形、结构各不相同，但用法基本上相同，现将本实验所用的 SB-17 型通用示波器为例说明各旋钮的作用和用法，图 3-8-2 为示波器的面板图。

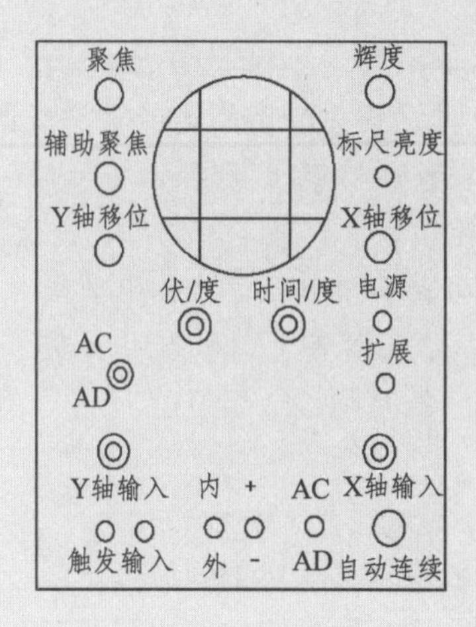


图 3-8-2　SB-17 示波器面板图

2．示波器的控制系统

辉度：用来控制光点或波形的亮度。

聚焦与辅助聚焦：用来调节光点和波形的清晰度。

“标尺亮度”：是用以调节坐标屏上刻度线亮度。

电源开关：接通电源，指示灯亮。

3．X 轴系统

扫描开关（时间/度）：示波器荧光屏的水平方向，通常是用时间刻度来表示。时间/度开关是扫描速度开关，其指示值表示水平方向刻度坐标上每度（每度是 0.5 厘米）所代表的时间。其上的微调旋钮，用作调节 X 方向的增益。将旋钮向右旋至满度，即“校正”位置时时间/度所示之值即扫描速度值。

X 轴输入：外加信号输入插座，可输至水平放大器，这时时间/度开关应位于“1”或 1/10 位置，即扫描停止工作。

扩展 ×5：表示速度增快 5 倍。

X 轴移位：调节光点及波形在屏上左右位置。

4．Y 轴系统

交流——直流：当开关置于交流，宜于输入交流信号。当开关置于“直流”，宜于观察输入信号的交流和直流两种成分。

衰减开关（伏/度）：是用来将外加信号幅度进行适当的衰减，经放大器后，屏上所需要大小的图形，它上面的“微调”旋钮，用作调节增益大小。当右旋至满度时，则伏/度开关所指示之刻度值即为信号波形的伏/度值

直流平衡：用来调机内其他因素引起的电路不平衡工作状态。

5．触发系统

为了使被测信号在荧光屏上稳定，必须使扫描频率与被测信号同步，触发装置就是扫描同步装置。

· 触发信号选择开关："内"表示同步信号来自经放大后的被测信号，"外"表示同步信号要外交，经输入接线柱送至触发放大器。

"+""-"极性是利用同步信号的上升或下降部分来驱动扫描。

交流、直流：当置于交流时，触发方式处于交流耦合状态，当置于直流时，触发方式处于直流耦合状态。

触发电平：控制触发灵敏度。

当电平反时针旋至满度。此时扫描处于"自动"触发状态，可显示波形。当电平顺时针转至满度时，则扫描处于"连接"状态。

【预习思考题】

（1）如果打开示波器的电源开关后，在屏幕上既看不到扫描线又看不到光点，可能有哪些原因？应分别作怎样的调节？

（2）如果图形不稳定，总是向左或向右移动，该如何调节？

（3）示波器的两种基本功能（描绘波形图、李萨如图形）在原理上的共同点有哪些？差异点又有哪些？

（4）用示波器观察信号波形时，被观测信号应由什么端钮输入？当欲用示波器观察两个相互垂直的正弦电压的合成图李萨如图形时，这两个信号应分别由什么端钮输入？

【实验内容和步骤】

1．用示波器观测两种信号波形

（1）观察低频信号发生器输出的正弦电压波形：观察当输出频率分别为 50 Hz、500 Hz 时波形，求出其峰值及频率，填入表 3-8-1 并与低频信号发生的指示值相比较。

（2）观察锯齿波电压的波形：用比较信号测定其峰值及频率。

2．用示波器观察李萨如图形

从 X 轴、Y 轴输入不同频率的正弦波电压并观察李萨如图形（见表 3-8-2）。

## 【数据记录与处理】

1．用示波器观测两种信号波形

表 3-8-1　正弦波信号频率记录表

| 图　形 | 50 Hz | | | 500 Hz | | |
|---|---|---|---|---|---|---|
| | 理论值 | 测量值 | 百分百误差 | 理论值 | 测量值 | 百分百误差 |
| | | | | | | |
| | | | | | | |
| | | | | | | |
| | | | | | | |

2．用示波器观察李萨如图形

表 3-8-2　利用李萨如图形测信号频率

| $f_x:f_y$ | 1∶1 | 1∶2 | 1∶3 | 3∶2 | 3∶4 |
|---|---|---|---|---|---|
| 李萨如图形 | | | | | |
| $N_x$ | | | | | |
| $N_y$ | | | | | |
| $f_y$/Hz | | | | | |
| $f_x$/Hz | | | | | |

## 【思考题】

（1）观察李萨如图形时，如果图形不稳定，而且是一个形状不断变化的椭圆，那么图形变化的快慢与两个信号频率之差有什么关系?

（2）示波器的扫描频率等于 Y 轴正弦波信号频率的 2、4、6、1/2、1/4、1/6 倍时，屏上图形将是什么情形?

# 实验九　测绘铁磁材料的磁化曲线和磁滞回线

操作视频

工程技术中的许多仪器设备，如发电机、变压器、电表铁芯和录音机磁头等，都要用到铁磁材料。铁磁材料的磁化曲线和磁滞回线反映了这些磁性物质的主要特性。掌握测量这些特性的方法对理解磁介质理论和磁性材料的实际应用具有重要的意义。

## 【实验目的】

（1）理解用示波器法显示磁滞回线的基本原理。

（2）学习用示波器法测绘磁化曲线和磁滞回线。

## 【实验仪器与材料】

磁滞回线测试仪、教学双踪示波器、低频信号发生器。

## 【实验原理】

1. 起始磁化曲线、基本磁化曲线和磁滞回线

铁磁材料（如铁、镍、钴和其他铁磁合金）具有独特的磁化性质。取一块未磁化的铁磁材料，譬如以外面密绕线圈的钢圆环样品为例，如果流过线圈的磁化电流从零逐渐增大，则钢圆环中的磁感应强度随励磁磁场强度 $H$ 的变化，如图3-9-1中 $Oa$ 段所示。这条曲线称为起始磁化曲线。继续增大磁化电流，即增加磁场强度 $H$ 时，$B$ 上升很缓慢。如果 $H$ 逐渐减小，则 $B$ 也相应减小，但并不沿 $aO$ 段下降，而是沿另一条曲线 $ab$ 下降。

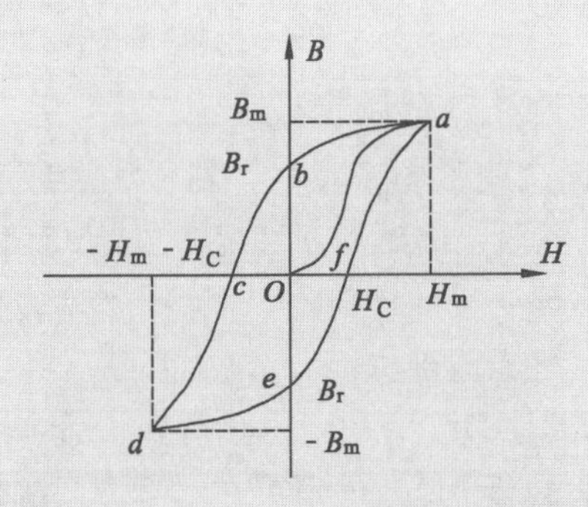


图 3-9-1　起始磁化曲线与磁滞回线

$B$ 随 $H$ 变化的全过程如下：当 $H$ 按 $O \to H_m \to O \to -H_c \to -H_m \to O \to H_c \to H_m$ 的顺序变化时，$B$ 相应沿 $O \to B_m \to B_r \to O \to -B_m \to -B_r \to O \to B_m$ 的顺序变化。将上述变化过程的各点连接起来，就得到一条封闭的曲线 $abcdefa$，这条曲线称为磁滞回线。

从图 3-9-1 可以看出，磁滞回线形成过程主要有三点：

（1）当 $H=0$ 时，$B$ 不为零，铁磁材料还保留一定值的磁感应强度 $B_r$。通常称为铁磁材料的剩磁。

（2）要消除剩磁 $B_r$，使 $B$ 降为零，必须加一个反方向磁场 $H_c$。这个反向磁场强度 $H_c$ 叫作该铁磁材料的矫顽磁力。

（3）$H$ 上升到某一个值和下降到同一数值时，铁磁材料内的 B 值并不相同，即磁化过程与铁磁材料过去的磁化经历有关。

对于同一铁磁材料，若开始时不带磁性，依次选取磁化电流为 $I_1$、$I_2$、…、$I_m$（$I_1<I_2<\cdots<I_m$），则相应的磁场强度为 $H_1$、$H_2$、…、$H_m$。在每一个选定的磁场值下，使其方向发生两次变化（即 $H_1\to -H_1\to H_1$，…，$H_m\to -H_m\to H_m$ 等），则可得到一组逐渐增大的磁滞回线。我们把原点 $O$ 和各个磁滞回线的顶点 $a_1$、$a_2$、…、$a_m$ 所连成的曲线，称为铁磁材料的基本磁化曲线，如图 3-9-2 所示。可以看出，铁磁材料的 $B$ 和 $H$ 不是直线，即铁磁材料的磁导率 $\mu=B/H$ 不是常数。

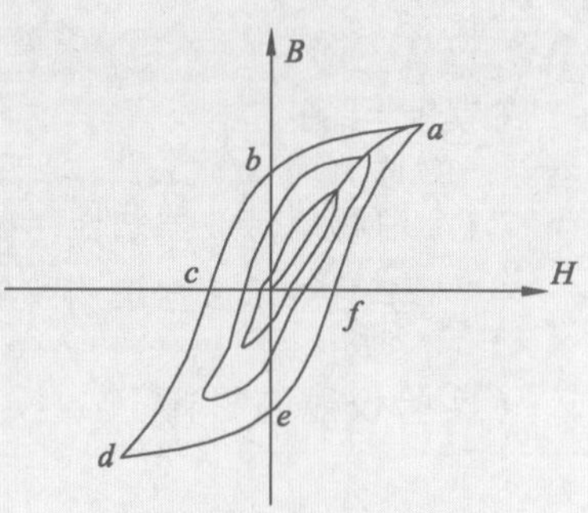


图 3-9-2　基本磁化曲线

由于铁磁材料磁化过程的不可逆性及具有剩磁的特点，在测定磁化曲线和磁滞回线时，首先必须将铁磁材料预先退磁，以保证外加磁场 $H=0$ 时，$B=0$；其次，磁化电流在实验过程中只允许单调增加或减少，不可时增时减。

在理论上，要消除剩磁 $B_r$，只需通一反方向磁化电流，使外加磁场正好等于铁磁材料的矫顽磁力就行。实际上，矫顽磁力的大小通常并不知道，因而无法确定退磁电流的大小。我们从磁滞回线得到启示：如果使铁磁材料磁化达到饱和，然后不断改变磁化电流的方向，与此同时逐渐减小磁化电流，以至于零，那么该材料的磁化过程就是一连串逐渐缩小而最终趋于原点的环状曲线，当 $H$ 减小至零时，$B$ 亦同时降为零，达到完全退磁。

2．示波器显示磁滞回线的原理和线路

示波器法已广泛用在交变磁场下观察、拍摄和定量测绘铁磁材料的磁滞回线。但是怎样才能使示波器显示出磁滞回线呢？显然，我们希望在示波器 $X$ 偏转板输入正比于样品的励磁场强度的电压，同时又在 $Y$ 偏转板输入正比于样品中磁感应强度的电压。结果在屏上得到样品的 $B$-$H$ 曲线。图 3-9-3 是实验的电路图。

如将电阻 $R_1$（要求 $R_1$ 比线圈 $N_1$ 的阻抗小得多，通常取几欧姆）上的电压降 $U_x=I_1R_1$ 加在示波器 X 偏转板上，则电子束在水平方向的偏移跟磁化电流 $I_1$ 成正比。因为 $H=N_1I_1/L$，所以

$$U_x=\frac{LR_1}{N_1}H \tag{3-9-1}$$

它表明，在交变磁场下，在任一瞬时 $t$ 如果将电压 $U_x$ 接到示波器 X 轴的输入端，则电子束的水平偏转正比于励磁场强度 $H$。

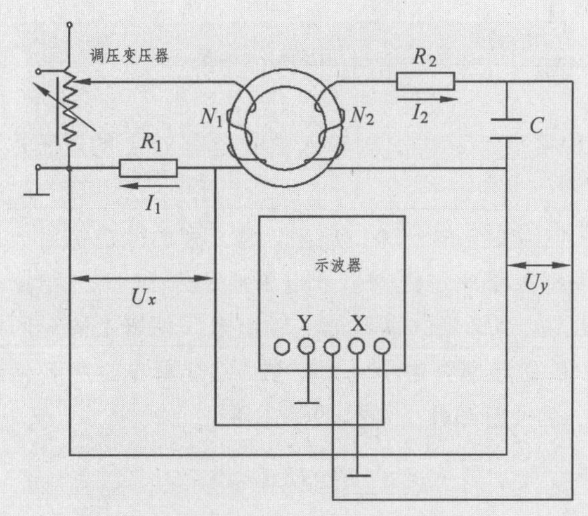


图 3-9-3　示波器法观测磁滞回线的电路图

为了获得跟样品中感应强度 $B$ 成正比的电压 $U_y$，可以采用电阻 $R_2$ 和电容 $C$ 组成的积分电路，并将电容 $C$ 两端的电压接到示波器 Y 轴的输入端。因交变的磁场 $H$ 在样品中产生交变的磁感应强度 $B$，结果在副线圈 $N_2$ 内出现感应电动势，其大小为

$$E_2 = \frac{\mathrm{d}\phi}{\mathrm{d}t} = N_2 A \frac{\mathrm{d}b}{\mathrm{d}t} \tag{3-9-2}$$

式中，$N_2$ 为副线圈匝数，$A$ 为钢圆环的截面积。

忽略自感电动势后，对于副线圈回路有

$$E_2 = U_\mathrm{C} + I_2 R_2 \tag{3-9-3}$$

为了如实地绘出磁滞回线，要求：

（1）积分电路的时间常数 $R_2C$ 应比 $1/(2\pi f)$ 大 100 倍以上，即要求 $R_2$ 比 $1/(2\pi fC)$ 大 100 倍以上。这样，$U_\mathrm{C}$ 跟 $I_2R_2$ 相比可忽略（由此带来的误差小于 1%）。于是式（3-9-3）简化为

$$E_2 \approx I_2 R_2 \tag{3-9-4}$$

（2）在满足上述条件下，$U_\mathrm{C}$ 的振幅很小，如将它直接加在 Y 偏转板上，则不能绘出大小适合需要的磁滞回线。为此需将 $U_\mathrm{C}$ 经过 Y 轴放大器增幅后输至 Y 偏转板。这就要求在实验磁场的频率范围内，放大器的放大系数必须稳定，不带来较大的相位畸变和频率畸变，也就是说，所用的示波器应经过挑选，以满足上述要求。利用上式的结果，电容两端的电压可表示为

$$U_\mathrm{C} = \frac{Q}{C} = \frac{1}{C}\int I_2 \mathrm{d}t = \frac{1}{CR_2}\int E_2 \mathrm{d}t \tag{3-9-5}$$

它表示输出电压 $U$ 是输入电压对时间的积分。这也是“积分电路”名称的由来。将式（3-9-2）代入式（3-9-5）得到

$$U_C=\frac{N_2A}{CR_2}\int\frac{\mathrm{d}B}{\mathrm{d}t}\mathrm{d}t=\frac{N_2A}{CR_2}\int_0^B\mathrm{d}B=\frac{N_2A}{CR_2}B \tag{3-9-6}$$

式（3-9-6）表明，接在示波器 Y 轴输入端的电容 $C$ 上的电压 $U_C$（即 $U_y$）确实正比于 $B$。

这样，在磁化电流变化的一个周期内，电子束的径迹描出一条完整的磁滞回线。以后每个周期都重复此过程。由于电源频率为 50 Hz，结果在荧光屏上看到一条连续的磁滞回线。逐渐增大调压器的输出电压使屏上磁滞回线由小到大扩展的方法，使屏幕上的磁滞回线由小到大扩展，在坐标纸上将各磁滞回线顶点的位置联成一条曲线，这条曲线就是样品的基本磁化曲线。

3．测定磁滞回线上任一点的 $B$、$H$ 值

在保持测绘 $B$-$H$ 曲线时示波器的水平增益和垂直增益不变的前提下，把外电源的标准正弦波形电压加到示波器的 X、Y 轴输入端，用电子管电压表测量此外加电压的有效值 $U_{xe}$、$U_{ye}$，而外加电压的振幅 $U_{x\max}=1.414U_{xe}$，$U_{y\max}=1.414U_{ye}$。再分别量出屏上水平线段的长度，设为 $n_x$ 和 $n_y$（厘米）。于是得到此时示波器 X 轴和 Y 轴输入的偏转因数 $D_x$ 和 $D_y$（即电子束偏转一厘米所需外加的电压）为

$$D_x=U_{x\max}/(n_x/2)=2U_x\max/n_x$$

$$D_y=U_{y\max}/(n_x/2)=2U_y\max/n_y$$

为了得到磁滞回线上所求点的 $B$、$II$ 值，需测出该点的坐标 $x$、$y$（厘米），从而计算出加在示波器偏转板上的电压 $U_x=D_xx$ 和 $U_y=D_yy$。然后再按式（3-9-1）和式（3-9-6）算出

$$H=\frac{N_1D_x}{LR_1}x\text{，}B=\frac{R_2CD_y}{N_2A}y \tag{3-9-7}$$

式中各量的单位：$R_1$、$R_2$ 为 Ω，$L$ 为 m。$A$ 为 $m^2$。$C$ 为 F。$D_x$、$D_y$ 为 V/cm。$x$、$y$ 为 cm。$H$ 为 A/m，$B$ 为 T。

【预习思考题】

磁化过程的不可逆说明了铁磁材料的什么特性?

【实验内容和步骤】

测绘铁磁材料的基本磁化曲线和磁滞回线：

（1）按图 3-9-3 连接电路。调节示波器，使电子束光点呈现在坐标网格中心。

（2）把调压变压器调到输出电压为零的位置，然后接通电源，逐渐升高调压变压器的输出电压，屏上将出现磁滞回线的图象（如磁滞回线在二、四象限时，可将轴输入端的两根导线互换位置）。调节示波器垂直增益和水平增益，使图线

大小适当。待磁滞回线接近饱和之后，逐渐减小输出电压至零，目的是对被测样品退磁。

（3）从零开始，逐步增加输出电压，使图形由小变大。分别读出每条磁滞回线顶点坐标，描在坐标纸上。并将所描各点联成曲线，就得到基本磁化曲线。

（4）在方格坐标纸上按 1∶1 比例描绘屏上显示的磁滞回线，记下有代表性的某些点的坐标 $x_i$、$y_i$。

（5）测定示波器的偏转因素 $D_x$、$D_y$。按式（3-9-7）算出跟点 $x_i$、$y_i$ 对应的 $B_i$、$H_i$ 值，并标在描绘磁滞回线的坐标轴上。

【数据记录与处理】

1．基本磁化曲线的测量

表 3-9-1　基本磁化曲线采样数据记录

| $U$/V | | | | | | | |
|---|---|---|---|---|---|---|---|
| $x$/格 | | | | | | | |
| $y$/格 | | | | | | | |

2．磁滞回线的测量

表 3-9-2　磁滞回线实验数据记录

| | $H$/(A/m) | $B$/T | | $H$/(A/m) | $B$/T |
|---|---|---|---|---|---|
| 10 | | | 80 | | |
| 20 | | | 90 | | |
| 30 | | | 100 | | |
| 40 | | | 110 | | |
| 50 | | | 120 | | |
| 60 | | | 130 | | |
| 70 | | | 140 | | |

【问题与讨论】

（1）全部完成 $B$-$H$ 曲线时，为什么不能变动示波器面板上的 X、Y 轴分度值旋钮？

（2）实验中用不同频率的交流电所测的磁滞回线是不同的，试分析其原理。

操作视频

# 实验十　霍尔效应实验

置于磁场中的载流体，如果电流方向与磁场垂直，则在垂直于电流和磁场的方向会产生一个附加的横向电场，这个现象是美国霍普金斯大学研究生霍尔于1879年发现的，后来被称为霍尔效应。霍尔效应可用来测量半导体中的载流子浓度、迁移率，判断材料的导电类型，测量空间某一点或缝隙中的磁场等，在磁场测量中得到了广泛的应用。

由霍尔效应制成的元件叫霍尔元件。霍尔元件具有结构简单而牢靠、使用方便、成本低廉等优点。霍尔技术和霍尔元件主要用在以下几个方面：测量磁场、测量直流或交流电路中的电流强度和功率、转换信号（如把直流电转换成交流电流并对它进行调制，放大直流和交流信号）、对非电学量（可转换成电信号的物理量）进行四则运算和乘方开方运算等。

## 【实验目的】

（1）认识霍尔效应，理解产生霍尔效应的机理。

（2）研究霍尔电压与工作电流的关系。

（3）学习用霍尔器件测量磁场 $B$ 的方法，研究霍尔电压与磁场的关系。

（4）学习用对称交换测量法消除负效应产生的系统误差。

## 【实验仪器】

霍尔效应综合实验仪、导线

## 【实验原理】

### 1. 霍尔效应及其产生机理

霍尔效应从本质上讲是运动的带电粒子在磁场中受洛仑兹力作用而引起的运动轨道偏转。当带电粒子（电子或空穴）被约束在固体材料中，这种偏转就导致在垂直电流和磁场的方向上产生正负电荷的聚积，从而形成附加的电场，即霍尔电场。如图3-10-1所示，设有一块长方形金属薄片或半导体薄片，若在某方向上通入电流 $I_S$ 并在其垂直方向上加一磁场 $B$，则在垂直于电流和磁场的方向上将产生电位差 $V_H$，这个现象称为“霍尔效应”，$V_H$ 称为“霍尔电压”。霍尔发现这个电位差 $V_H$ 与电流强度 $I_S$ 成正比，与磁感应强度 $B$ 成正比，与薄片的厚度 $d$ 成反比。

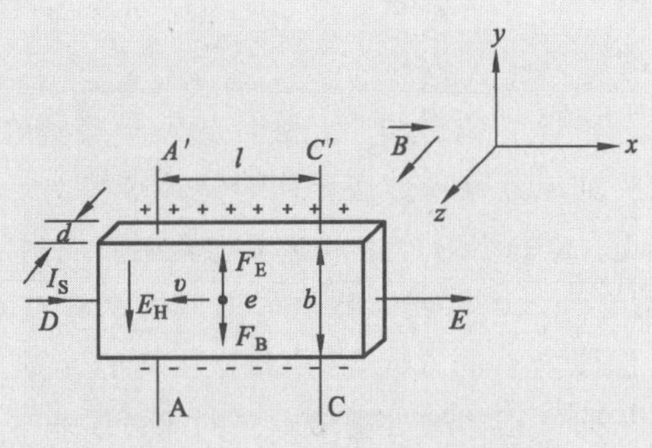


图 3-10-1　霍尔效应原理图

如图 3-10-1 所示的 $N$ 型半导体元件，在 $x$ 方向通以电流 $I_S$，在 $z$ 方向加磁场 $B$，元件中载流子（电子）所受洛仑兹力为

$$F_B = -e\bar{V}B \tag{3-10-1}$$

式中，$e$ 为电子电量，$\bar{V}$ 为电子漂移平均速度，$B$ 为磁感应强度。同时，电场作用于电子的力为

$$F_E = -eE_H = -eV_H / b \tag{3-10-2}$$

式中，$E_H$ 为霍尔电场强度，$V_H$ 为霍尔电势，$b$ 为霍尔元件宽度

当达到动态平衡时有 $F_B = -F_E$，即

$$\bar{V}B = V_H / b \tag{3-10-3}$$

设霍尔元件宽度为 $b$，厚度为 $d$，载流子浓度为 $n$，则霍尔元件的工作电流为

$$I_S = ne\bar{V}bd \tag{3-10-4}$$

由式（3-10-3）和式（3-10-4）可得霍尔电压

$$V_H = \bar{V}Bb = \frac{1}{ne}\frac{I_S B}{d} = R_H \frac{I_S B}{d} \tag{3-10-5}$$

即霍尔电压 $V_H$（A、C 间电压），与 $I_S$、$B$ 的乘积成正比，与霍尔元件的厚度 $d$ 成反比，比例系数 $R_H = \frac{1}{ne}$ 称为霍尔系数。

令 $K_H = \frac{R_H}{d}$，式（3-10-5）表示为

$$V_H = K_H I_S B \tag{3-10-6}$$

式中 $K_H$ 称为霍尔元件灵敏度。

对制成的霍尔元件，其灵敏度 $K_H$ 是常数，仅与霍尔元件的材料性质（导电类别、导电电荷密度等）及几何尺寸有关。实验中霍尔元件的工作电流 $I_S$ 和霍尔电压 $V_H$ 可以通过精密的仪表测得，那么未知磁场 $B$ 就可以由下式求得

$$B = \frac{V_H}{K_H I_S} \tag{3-10-7}$$

2．霍尔效应中的副效应

在应用霍尔效应测磁场 $B$ 的过程中，会伴随着一些副效应的产生，主要有：

（1）热磁副效应（如埃廷豪森效应、能斯特效应等）；

（2）电极引出点 P、S 的不对称性，这些因素引起的附加电压叠加在霍尔电压 $V_H$ 上，从而引起测量较大的误差。根据副效应的产生机制，实验中可通过改变电流 $I_S$ 的方向和外加磁场 $B$ 的方向，并用代数平均的计算方法使副效应带来的附加电压正负抵消，从而修正并减少霍尔电压的测量误差。

3．减少与修正霍尔效应中的副效应的方法

实验中在霍尔元件上加工作电流 $I$ 和外加磁场 $B$，则可以测得霍尔电压 $V_H$，自行定义工作电流 $I$ 和外加磁场 $B$ 的正方向，通过双刀换向开关来改变工作电流 $I_S$ 和外加磁场 $B$ 的方向，并测出四组数据：

（1）加 $+B$、$+I_S$ 时（自行定义 $B$ 和 $I_S$ 的正方向），测到的霍尔电压为 $V_{1H}$。

（2）加 $+$B、$-I_S$ 时（励磁电流不换向，工作电流换向），测到的霍尔电压为 $V_{2H}$。

（3）加 $-B$、$-I_S$ 时（励磁电流和工作电流都换向），测到的霍尔电压为 $V_{3H}$。

（4）加 $-B$、$+I_S$ 时（励磁电流换向，工作电流不换向），测到的霍尔电压为 $V_{4H}$。

为了修正副效应，霍尔电压 $V_H$ 可由下式计算得出

$$V_H=\frac{V_{1H}+V_{2H}+V_{3H}+V_{4H}}{4} \tag{3-10-8}$$

【预习思考题】

（1）结合实验原理说明，怎么判断半导体器件的类型（N 型或 P 型）？

（2）试分析载流子为空穴的霍尔元件的霍尔电压形成原因?

【实验内容与步骤】

1．研究霍尔效应及霍尔元件特性

（1）测量霍尔元件零位（不等位）电势 $V_0$ 及不等位电阻 $R_0=V_0/I_S$。

（2）研究 $V_H$ 与励磁电流 $I_M$ 和工作电流 $I_S$ 之间的关系。

2．测量通电圆线圈的磁感应强度 $B$

（1）测量通电圆线圈中心的磁感应强度 $B$。

（2）测量通电圆线圈中磁感应强度 $B$ 的分布。

【实验方法与步骤】

1．霍尔效应测试仪与霍尔效应实验架正确连接

（1）按照图 3-10-2 电路连接示意图，将霍尔效应测试仪面板右下方的励磁电流 $I_M$ 的直流恒流源输出端（0 ~ 0.5 A），接霍尔效应实验架上的 $I_M$ 磁场励磁电

流的输入端（将红接线柱与红接线柱对应相连，黑接线柱与黑接线柱对应相连）。

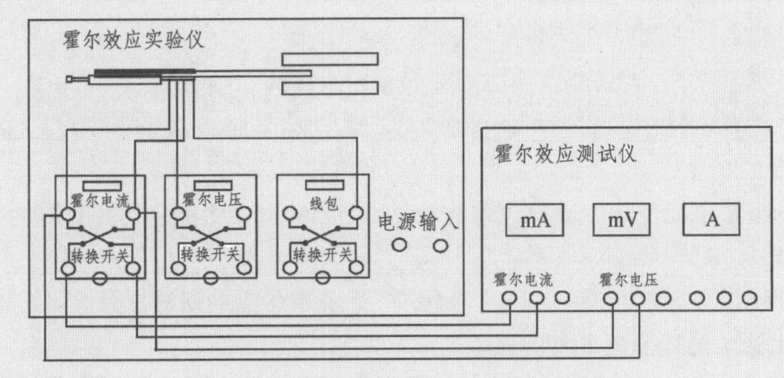


图 3-10-2　霍尔效应电路连接示意图

（2）“测试仪”左下方供给霍尔元件工作电流 $I_S$ 的直流恒流源（0 ~ 3 mA）输出端，接实验架上 $I_S$ 霍尔片工作电流出入端（将红接线柱与红接线柱对应相连，黑接线柱与黑接线柱对应相连）。

（3）“测试仪” $V_H$ 霍尔电压输入端，接“实验架”中部的 $V_H$ 霍尔电压输出端。

注意：以上三组线千万不能接错，以免烧坏元件。

（4）用一边是分开的接线插、一边是双芯插头的控制连接线与测试仪背部的插孔相连接（红色插头与红色插座相连，黑色插头与黑色插座相连）。

2．研究霍尔效应与霍尔元件特性

（1）测量霍尔元件的零位（不等位）电势 $V_0$ 和不等位电阻 $R_0$。

① 用连接线将中间的霍尔电压输入端短接，调节调零旋钮使电压表显示 0.00 mV。

② 将 $I_M$ 电流调节到最小。

③ 调节霍尔工作电流 $I_S = 3.00$ mA，利用 $I_S$ 换向开关改变霍尔工作电流输入方向分别测出零位霍尔电压 $V_{01}$、$V_{02}$，并计算不等位电阻。

$$R_{01} = \frac{V_{01}}{I_S}, \quad R_{02} = \frac{V_{02}}{I_S}$$

（2）测量霍尔电压 $V_H$ 与工作电流 $I_S$ 的关系。

① 先将 $I_S$，$I_M$ 都调零，调节中间的霍尔电压表，使其显示为 0 mV。

② 将霍尔元件称至线圈中心，调节 $I_M = 500$ mA，调节 $I_S = 0.5$ mA，按表中 $I_S$、$I_M$ 正负情况切换“实验架”上的方向，分别测出霍尔电压 $V_H$ 值（$V_1$、$V_2$、$V_3$、$V_4$）填入数据表中。以后 $I_S$ 每次递增 0.50 mA，测量各 $V_1$、$V_2$、$V_3$、$V_4$ 值。绘出 $I_S$-$V_H$ 曲线，验证线性关系。

（3）测量霍尔电压 $V_H$ 与励磁电流 $I_M$ 的关系。

① 先将 $I_M$、$I_S$ 调零，调节 $I_S$ 至 3.00 mA。

② 调节 $I_M = 100$、150、…、500 mA（间隔为 50 mA），分别测量霍尔电压 $V_H$ 值。

③ 根据所测得的数据，绘出 $I_M$-$V_H$ 曲线，分析当 $I_M$ 达到一定的值以后，

$I_M$-$V_H$ 直线斜率变化的原因。

3．测量通电圆线圈中磁感应强度 $B$ 的分布

（1）先将 $I_M$、$I_S$ 调零，调节中间的霍尔电压表，使其显示为 0 mV。

（2）将霍尔元件置于通电圆线圈中心，调节 $I_M = 500$ mA，调节 $I_S = 3.00$ mA，测量相应的 $V_H$。

（3）将霍尔元件从中心向边缘移动每隔 5 mm 选一个点测出相对应的 $V_H$，填入数据表中。

（4）由以上所测 $V_H$ 值，由式（3-10-7）计算出各点的磁感应强度，并绘 $B$-$X$ 图，得出通电圆线圈内 $B$ 的分布。

## 【数据记录与处理】

1．研究霍尔效应与霍尔元件特性

（1）测量霍尔电压 $V_H$ 与工作电流 $I_S$ 的关系。

表 3-10-1　霍尔电压 $V_H$ 与工作电流 $I_S$ 的关系数据记录

$I_M = 500$ mA

| $I_S$/mA | $V_1$/mV | $V_2$/mV | $V_3$/mV | $V_4$/mV | $V_H = \frac{V_{1H}+V_{2H}+V_{3H}+V_{4H}}{4}$ /mV |
|---|---|---|---|---|---|
| | $+I_S$、$+I_M$ | $+I_S$、$-I_M$ | $+I_S$、$-I_M$ | $+I_S$、$+I_M$ | |
| 0.50 | | | | | |
| 1.00 | | | | | |
| 1.50 | | | | | |
| 2.00 | | | | | |
| 2.50 | | | | | |
| 3.00 | | | | | |

根据表 3-10-1 中所测得的数据，绘出 $I_S$-$V_H$ 曲线，验证线性关系。

（2）测量霍尔电压 $V_H$ 与励磁电流 $I_M$ 的关系

表 3-10-2　霍尔电压 $V_H$ 与励磁电流 $I_M$ 的关系数据表表

$I_S = 3.00$ mA

| $I_M$/mA | $V_1$/mV | $V_2$/mV | $V_3$/mV | $V_4$/mV | $V_H = \frac{V_{1H}+V_{2H}+V_{3H}+V_{4H}}{4}$ /mV |
|---|---|---|---|---|---|
| | $+I_S$、$+I_M$ | $+I_S$、$-I_M$ | $+I_S$、$-I_M$ | $+I_S$、$+I_M$ | |
| 100 | | | | | |
| 150 | | | | | |

续表

| $I_M$/mA | $V_1$/mV | $V_2$/mV | $V_3$/mV | $V_4$/mV | $V_H=\frac{V_{1H}+V_{2H}+V_{3H}+V_{4H}}{4}$ /mV |
|---|---|---|---|---|---|
| | $+I_S$、$+I_M$ | $+I_S$、$-I_M$ | $+I_S$、$-I_M$ | $+I_S$、$+I_M$ | |
| 200 | | | | | |
| 250 | | | | | |
| 300 | | | | | |
| 350 | | | | | |
| 400 | | | | | |
| 450 | | | | | |
| 500 | | | | | |

根据表 3-10-2 中所测得的数据，绘出 $I_M$-$V_H$ 曲线，分析当 $I_M$ 达到一定的值以后，$I_M$-$V_H$ 直线斜率变化的原因。

2．测量通电圆线圈中磁感应强度 $B$ 的分布

表 3-10-3　霍尔电压 $V_H$ 与工作电流 $I_S$ 的关系数据表表

$I_S=3.00$ mA　　$I_M=500$ mA

| $X$/mm | $V_1$/mV | $V_2$/mV | $V_3$/mV | $V_4$/mV | $V_H=\frac{V_{1H}+V_{2H}+V_{3H}+V_{4H}}{4}$ /mV |
|---|---|---|---|---|---|
| | $+I_S$、$+I_M$ | $+I_S$、$-I_M$ | $+I_S$、$-I_M$ | $+I_S$、$+I_M$ | |
| 0 | | | | | |
| 5 | | | | | |
| 10 | | | | | |
| 15 | | | | | |
| 20 | | | | | |
| 25 | | | | | |

计算出各点的磁感应强度，并绘 $B$-$X$ 图，得出通电圆线圈内 $B$ 的分布。

【问题与讨论】

（1）霍尔元件的灵敏度的物理意义是什么？通过本实验能否测定出它的大小？

（2）用霍尔元件测量磁场，需要知道霍尔元件的哪些参数？

# 附录 1　物理学单位

物理学规律包括定性与定量两个方面，只有有了数量的概念，物理学规律才显得精确。要量度某量的数量，就必须有量度的比较标准——单位。物理量之间有一定的关系，单位之间也就有一定的联系，相互关联的单位制确定之后，物理量才有意义。

1. 法定计量单位和 SI

我国法定计量单位包括全部国际单位制单位和国际计量大会同意并用的 10 个非国际单位以及分贝、转每分等 5 个广泛使用的单位。法定计量单位的主体是国际单位制（国际上简称 SI）。图 1 给出了 SI 构成，表 1 列出 SI 基本单位和辅助单位，表 2 列出我国选定的几个常用非国际单位制单位，表 3 给出常用物理量的法定计量单位示例，表 4 给出了构成十进制倍数和分数的词头。

- SI
  - SI单位
    - SI基本单位(7个)表1
    - SI辅助单位(2个)表1
    - SI导出单位
      - 具有专门名称的SI导出单位(19)
      - 组合形式的SI导出单位
  - SI词头(16个)
  - SI单位的十进倍数和分数单位

图 1　SI 的构成

表 1　SI 基本单位和辅助单位

| | 量的名称 | 单位名称 | 单位符号 |
|---|---|---|---|
| 基本单位 | 长度 | 米 | m |
| | 质量 | 千克（公斤） | kg |
| | 时间 | 秒 | s |
| | 电流 | 安[培] | A |
| | 热力学温度 | 开[尔文] | K |
| | 物质的量 | 摩[尔] | mol |
| | 发光强度 | 坎[德拉] | cd |
| 辅助单位 | [平面角] | 弧度 | rad |
| | 立体角 | 球面度 | sr |

表 2　我国选定几个常用非 SI 单位制单位

| 量的单位 | 单位名称 | 单位符号 | 换算关系 |
| --- | --- | --- | --- |
| 时间 | 分 | min | |
| | 时 | h | |
| [平面]角 | 秒 | ″ | $1° = \pi/180$ rad |
| | 分 | ′ | |
| | 度 | ° | |
| 旋转速度 | 转每分 | r/min | |
| 体积容积 | 升 | L、mL | $1\ m^3 = 10^3$ L |
| 能 | 电子伏 | eV | |
| 级差 | 分贝 | dB | |

表 3　常用物理量的法定计量单位示例

| 物理量 | 名　称 | 符　号 | 备　注 |
| --- | --- | --- | --- |
| 面积 | 平方米 | $m^2$ | |
| 速度 | 米每秒 | m/s | |
| 加速度 | 米每平方秒 | $m/s^2$ | |
| 角速度 | 弧度每秒 | rad/s | |
| 角加速度 | 弧度每平方秒 | $rad/s^2$ | |
| 周期 | 秒 | s | |
| 频率 | 赫兹 | Hz | |
| 角（圆）频率 | 弧度每秒 | rad/s | |
| 波长 | 米 | m | |
| 动量 | 千克米每秒 | kg·m/s | |
| 角动量 | 千克平方米每秒 | $kg\cdot m^2/s$ | |
| 转动惯量 | 千克平方米 | $kg\cdot m^2$ | |
| 力 | 牛[顿] | N | $1\ N = 1\ kg\cdot m/s^2$ |
| 力矩 | 牛米 | N·m | |
| 压强 | 帕[斯卡] | Pa | $1\ Pa = 1\ N/m^2$ |
| 功 | 焦[耳] | J | 1 J = 1 N·m |
| 能量 | 焦、电子伏特 | J、eV | $1\ eV \approx 1.6\times10^{-19}$ J |
| 功率 | 瓦[特] | W | 1 W = 1 J/s |
| 摄氏温度 | 摄氏度 | °C | |
| 热量 | 焦[耳] | J | |
| 声强级 | 分贝 | dB | $L_I = 20\lg\frac{I}{I_0}$ |

续表

| 物理量 | 名　称 | 符　号 | 备　注 |
| --- | --- | --- | --- |
| 声压级 | 分贝 | dB | $L_p = 10\lg\frac{P}{P_0}$ |
| 物理的量 | 摩尔 | mol | |
| 摩尔质量 | 千克每摩尔 | kg/mol | |
| 摩尔热容 | 焦[耳]每摩尔 | J/mol | |
| 电荷量 | 库[仑] | C | 1 C = 1 A·s |
| 电场强度 | 伏[特]每米 | V/m | 1 V/m = 1 N/C |
| 电势 | 伏[特] | V | 1 V = 1 W/A |
| 电容 | 法[拉]，微法，皮法 | F,μF,pF | 1 F = 1 C/V, 1 μF = $10^{-6}$ F |
| 电容率 | 法[拉]每米 | F/m | |
| 电偶极矩 | 库[仑]米 | C·m | |
| 磁场强度 | 安[培]每米 | A/m | |
| 电能 | 焦耳，千瓦时 | J,kW·h | 1 kW·h = $3.6\times10^6$ J |
| 磁感应强度 | 特[斯拉] | T | 1 T = 1 $Wb/m^2$ |
| 磁通量 | 韦[伯] | Wb | |
| 自感、互感 | 亨[利] | H | 1 H = 1 Wb/A = 1 V·s/A |
| 磁导率 | 亨[利]每米 | H/m | |
| 电阻 | 欧[姆] | Ω | 1 Ω = 1 V/A |
| 电阻率 | 欧[姆]米 | Ω·m | |
| 电导率 | 西[门子]每米 | S/m | |
| 辐射功率 | 瓦[特] | W | |
| 辐射出射度 | 瓦[特]每平方米 | $W/m^2$ | |
| 辐射照度 | 瓦[特]每平方米 | $W/m^2$ | |
| 光通量 | 流[明] | lm | |
| [光]照度 | 勒[克斯] | lx | |
| 阻尼系数 | 每秒 | $s^{-1}$ | |

表 4　若干用于构成十进制位数和分数的词头

| 所表示的因素 | 词头名称 | 词头符号 |
| --- | --- | --- |
| $10^6$ | 兆 | M |
| $10^3$ | 千 | k |
| $10^{-2}$ | 厘 | c |
| $10^{-3}$ | 毫 | m |
| $10^{-6}$ | 微 | μ |
| $10^{-9}$ | 纳[诺] | n |
| $10^{-12}$ | 皮[可] | p |

2．法定计量单位主要单位的定义

米（metre）：光在真空中 299 792 458 分之一秒时间间隔所经路径的长度。

千克（kilogram）：国际千克原器的质量。

秒（second）：铯-133 原子基态的两超精细能级间跃迁所对应的辐射的 9 192 131 770 个周期持续的时间。

安培（ampere）：在真空中，截面可忽略的两根相距 1 m 的无限长平行圆直导线通以等量恒定电流时，若导线间相互作用力在每米长度上为 $2\times10^{-7}$ N，则每根导线中的电流为 1 A。

开尔文（kelvin）：水三相点热力学温度的 1/273.16。

摩尔（mole）：物质的量为 1 mol 的系统中所包的基本单位与 0.012 kg 碳-12 的原子数目相等。在使用摩尔时，应指明单元是原子、分子、离子、电子及其他粒子，或这些粒子的特定组合。

坎德拉（candela）：是一光源在给定方向上的发光强度，该光源发出频率为 $540\times10^{12}$ Hz 的单色辐射，且在此方向上的辐射强度为 1/638 W/sr 。

弧度（radian）：一个圆内两条半径间的平面角，这两条半径在圆周上截取的弧度与半径相等。

球面度（steradian）：一个立体角，其顶点位于球心，而它在球面上所截取的面积等于以球半径边长的正方形面积。

伏特（volt）：通过 1 A 恒定电流的导线内，两点之间消耗功率为 1 W 时，这两点间的电位差为 1 V。

法拉（farad）：电容器的电容量，当电容器充 1*C* 电量时，其两极板出现的 1 V 电位差。

韦伯（weber）：只有 1 匝的环形线圈中磁通量，它在 1 s 时间内均匀地降到零时，环路内所产生的感应电动势为 1 V。

特斯拉（tesla）：在 1 $m^2$ 面积内垂直均匀通过 1*Wb* 磁通量的磁通密度

亨利（henry）：一闭合回路的电感，当流过该电路的电流以 1 A/s 的速度均匀变化时，在回路中产生 1 V 的电动势。

流明（lumen）：1 cd 发光强度的点光源在 1 sr 立体角内发射的光通量

勒克斯（lux）：1 lm 的光通量均匀分布于 1 $m^3$ 面积上的光照度。

电子伏（electronvolt）：1 个电子经真空中电位差为 1 V 的电场所获得的动量。

# 附录 2　常用物理常量

| 物理常数 | 最佳实验值 |
|---|---|
| 真空中光速 | $c=(2.997\ 924\ 58\pm0.000\ 000\ 12)\times10^{8}$ m/s |
| 引力常数 | $G=(6.672\ 0\pm0.004\ 1)\times10^{-11}$ m$^{3}$/s$^{2}$ |
| 阿伏伽德罗（Avogadro）常数 | $N_{A}=(6.022\ 045\pm0.000\ 031)\times10^{23}$ mol$^{-1}$ |
| 普适气体常数 | $R=8.314\ 41\pm0.000\ 26$ J·mol$^{-1}$·K$^{-1}$ |
| 玻尔兹曼（Boltzmann）常数 | $k=(1.380\ 662\pm0.000\ 041)\times10^{-23}$ J·K$^{-1}$ |
| 理想气体摩尔体积 | $V_{m}=(22.413\ 83\pm0.000\ 70)\times10^{-3}$ m$^{3}$ |
| 基本电荷（元电荷） | $e=(1.6021\ 892\pm0.000\ 004\ 6)\times10^{-19}$ C |
| 原子质量单位 | $u=(1.660\ 565\ 5\pm0.000\ 008\ 6)\times10^{-27}$ kg |
| 电子静止质量 | $m_{e}=(9.109\ 534\pm0.000\ 047)\times10^{-31}$ kg |
| 电子荷质比 | $e/m_{e}=(1.7588\ 047\pm0.000\ 004\ 9)\times10^{-11}$ |
| 质子静止质量 | $m_{p}=(1.674\ 948\ 5\pm0.000\ 008\ 6)\times10^{-27}$ kg |
| 中子静止质量 | $m_{n}=(1.674\ 954\ 3\pm0.000\ 008\ 6)\times10^{-27}$ kg |
| 真空电容率 | $\varepsilon_{0}=(8.854\ 187\ 818\pm0.000\ 000\ 071)\times10^{-12}$ F/m |
| 真空磁导率 | $\mu_{0}=12.566\ 370\ 614\ 4\times10^{-7}$ N/A$^{2}$ |
| 电子磁矩 | $\mu_{e}=(9.284\ 832\times0.000\ 036)\times10^{-24}$ J·T$^{-1}$ |
| 质子磁矩 | $\mu_{p}=(1.410\ 617\ 1\times0.000\ 005\ 5)\times10^{-23}$ J·T$^{-1}$ |
| 核磁子 | $\mu_{N}=(5.059\ 824\pm0.000\ 020)\times10^{-27}$ J·T$^{-1}$ |
| 普朗克（Planck）常数 | $h=(6.626\ 176\pm0.000\ 036)\times10^{-34}$ J·s$^{-1}$ |
| 质子电子质量比 | $m_{p}/m_{e}=1\ 836.151\ 5$ |

# 附录 3　希腊字母表

| 序号 | 大写 | 小写 | 英文注音 | 国际音标注音 | 中文读音 | 字母在物理中常用意义 |
|---|---|---|---|---|---|---|
| 1 | Α | α | alpha | a:lf | 阿尔法 | 角度；系数 |
| 2 | Β | β | beta | bet | 贝塔 | 磁通系数；角度；系数 |
| 3 | Γ | γ | gamma | ga:m | 伽马 | 电导系数（小写） |
| 4 | Δ | δ | delta | delt | 德尔塔 | 变动；屈光度 |
| 5 | Ε | ε | epsilon | ep`silon | 伊普西龙 | 能量、电容率 |
| 6 | Ζ | ζ | zeta | zat | 截塔 | 系数；方位角；阻抗；原子序数 |
| 7 | Η | η | eta | eit | 艾塔 | 磁滞系数；效率（小写） |
| 8 | Θ | θ | thet | θ it | 西塔 | 温度；角度 |
| 9 | Ι | ι | iot | aiot | 约塔 | 微小，一点儿 |
| 10 | Κ | κ | kappa | kap | 卡帕 | 玻尔兹曼常数 |
| 11 | Λ | λ | lambda | lambd | 兰布达 | 波长（小写）；体积 |
| 12 | Μ | μ | mu | mju | 缪 | 磁导系数微（千分之一）放大因数（小写） |
| 13 | Ν | ν | nu | nju | 纽 | 磁阻系数 |
| 14 | Ξ | ξ | xi | ksi | 克西 | 随机变量 |
| 15 | Ο | ο | omicron | omik`ron | 奥密克戎 | 无穷小量：ο（x） |
| 16 | Π | π | pi | pai | 派 | 圆周率 = 圆周 ÷ 直径 = 3.141 59 |
| 17 | Ρ | ρ | rho | rou | 肉 | 电阻系数（小写）;密度（小写） |
| 18 | Σ | σ | sigma | `sigma | 西格马 | 总和（大写），表面密度；跨导（小写） |
| 19 | Τ | τ | tau | tau | 套 | 时间常数 |
| 20 | Υ | υ | upsilon | jup`silon | 依普西龙 | 位移 |
| 21 | Φ | φ | phi | fai | 佛爱 | 电通量；磁能量；相位，角度 |
| 22 | Χ | χ | chi | phai | 西 | 卡方分布；电感 |
| 23 | Ψ | ψ | psi | psai | 普西 | 角速；角 |
| 24 | Ω | ω | omega | o`miga | 欧米伽 | 欧姆（大写）；角速（小写）；角 |

# 参考文献


[1] 金恩培，钱守仁，赵海法. 大学物理实验[M]. 哈尔滨：哈尔滨工业大学出版社，2000.

[2] 丁慎训，张连芳 .物理实验教程[M]. 北京：清华大学出版社，2005.

[3] 张秀燕，李辛. 物理学实验[M]. 北京：中国农业大学出版社，2008.

[4] 赵志芳. 大学物理学实验[M]. 北京：清华大学出版社，2006.

[5] 王家慧，沈人德，盛毅. 大学基础物理实验[M]. 北京：中国农业大学出版社，2004.

[6] 吴庆春，汪连城. 大学物理实验[M]. 北京：科学出版社，2017.

[7] 周曼. 大学物理实验[M]. 北京：中国林业出版社，2002.

[8] 王植恒，何原，朱俊. 大学物理实验[M]. 北京：高等教育出版社，2008.

[9] 胡成华，周平，兰明乾. 大学物理实验[M]. 成都：电子科技大学出版社，2006.

[10] 曹学成，姜贵君，王永刚，等. 大学物理实验[M]. 北京：中国农业出版社，2018.

[11] 周曼. 大学物理实验[M]. 北京：中国林业出版社，2002.

[12] 张凤玲，杨秀芹. 大学物理实验[M]. 郑州：河南科学技术出版社，2017.

[13] 赵家凤. 大学物理实验[M]. 北京：科学出版社，2007.

[14] 张三慧. 大学物理学 A 版[M]. 北京：清华大学出版社，2010.